NEW WIDE
ニューワイド
学研の図鑑
頭をよくする
クイズ図鑑
?
JN242529
頭をよくする
クイズ100問!
いくつ答えられるかな?

頭をよくするクイズ図鑑

もくじ

平面図形を作る

平面図形と推理

立体図形

数のつながり

数と推理

文字と言葉

迷路

6枚の正三角形でできる花模様はどれ？

図１のように模様の入った、同じ大きさの正三角形のカード６枚を、すきまができないようにならべて、正六角形を作ります。このとき、できあがる花模様はどれでしょうか。

図１

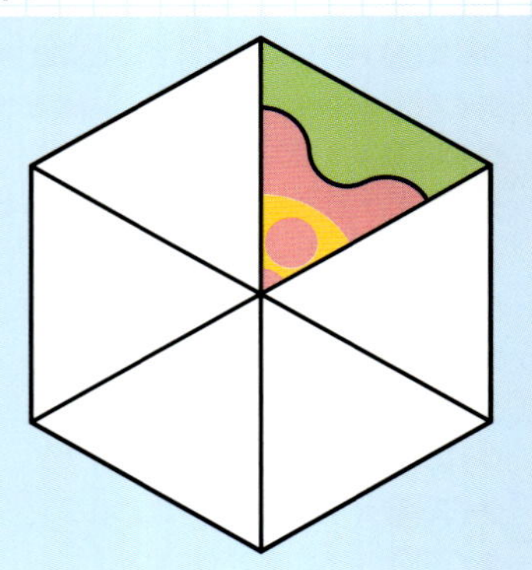

6枚のカードで作れない模様はどれ？

図1のような模様をかいた、正六角形のカードが6枚あります。辺をそろえてカードをならべると、図2のように、赤い線でいろいろな模様を作ることができます。

それでは、このカード6枚をならべて作れない模様は、次のうちどれでしょうか。

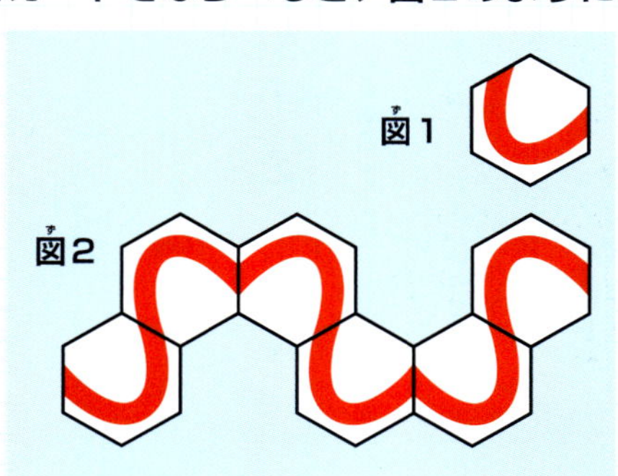

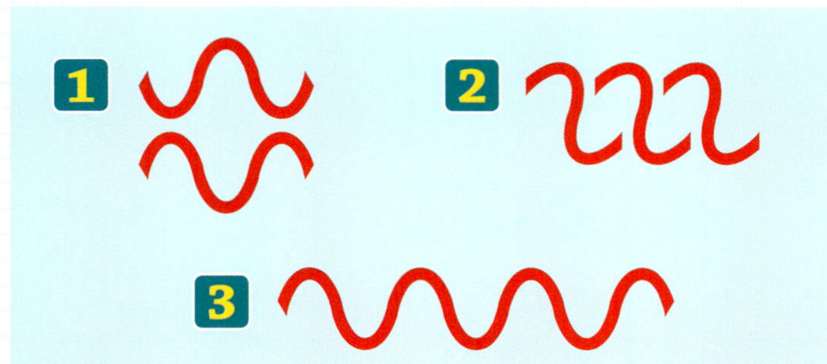

クイズ1 答え 1

花模様のちがいに注目しましょう。花の一部分に直線を引くと、ちがいがはっきりわかります。また、ピンク色の外側のふくらみ、中心部の円のならび方のちがいは、2枚のカードをならべただけでもわかります。

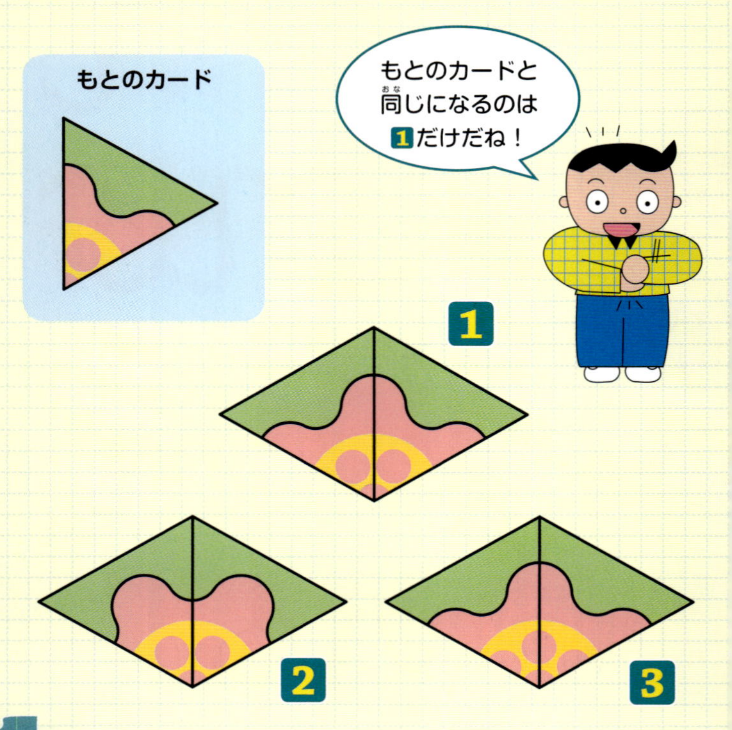
もとのカード
もとのカードと同じになるのは1だけだね！
1
2
3

3だけは、７枚のカードがないと作れません。

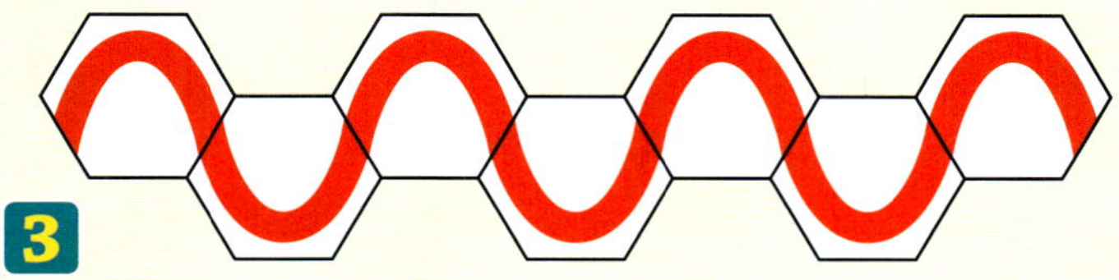

注目するのは、U字型のカーブがいくつあるかです。

右の図は、６枚のカードでできる模様の例ですが、カード１枚につき、カーブが１つあることがわかります。つまり６枚のカードでは、カーブは6つになります。

3はカーブが7つあるので、6枚のカードでは作ることができません。

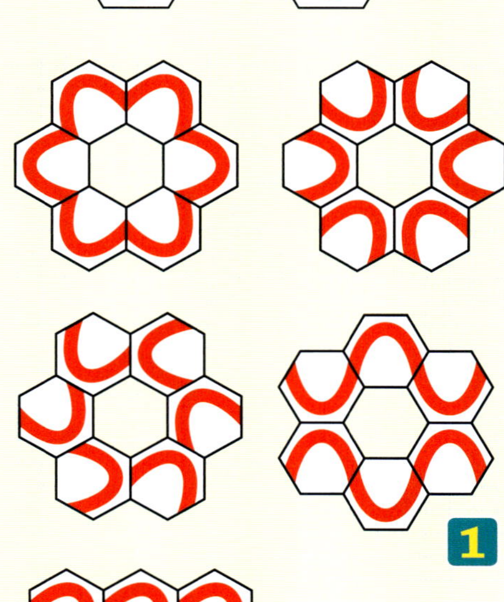

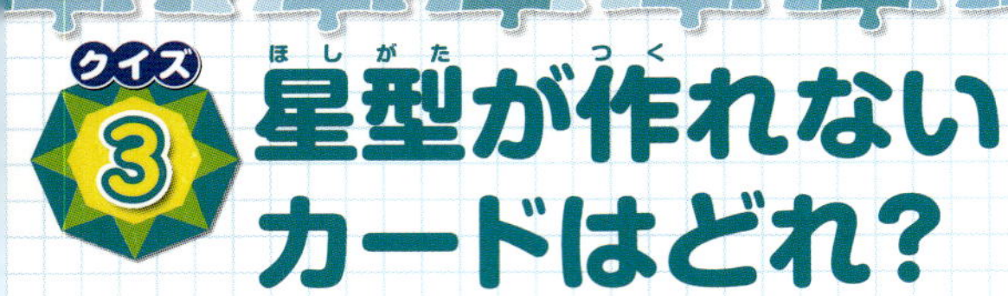

クイズ3 星型が作れないカードはどれ?

同じ形のカード５枚を集めて、図１のような星型を作ります。カードは重ねてはいけません。

このとき、５枚集めても星型にならないカードはどれでしょうか。

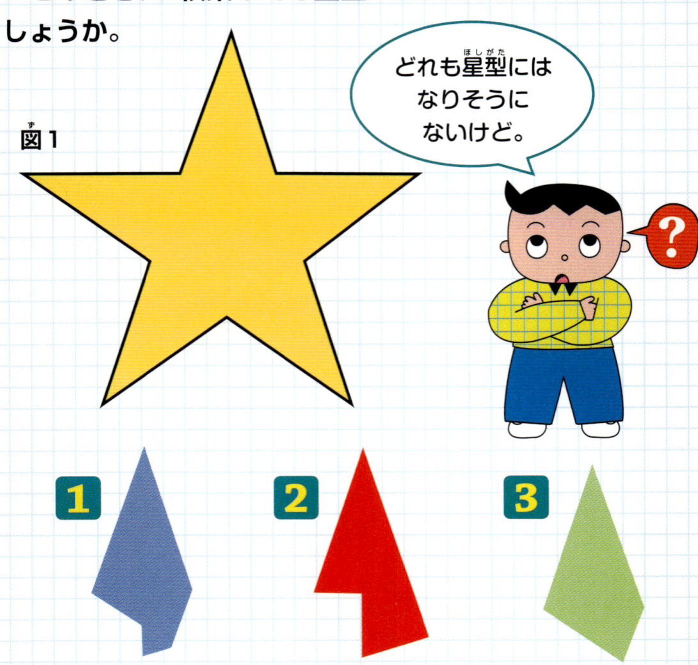

図１
どれも星型には
なりそうに
ないけど。
?
1
2
3

できない図形はどれ？

図１のような形の紙を、直線で２つに切ってならべかえました。このとき、できない図形はどれでしょうか。

図１

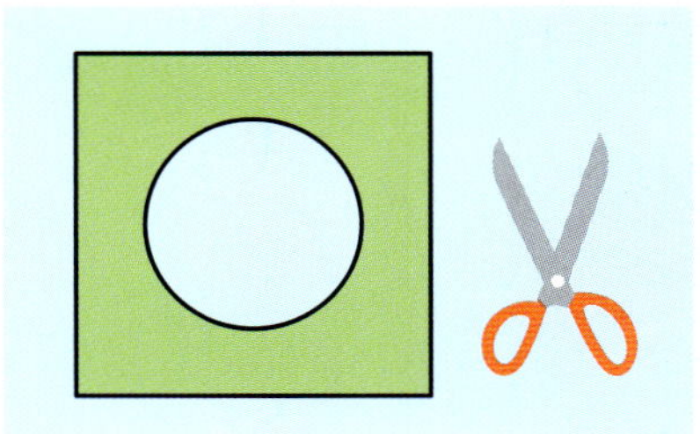

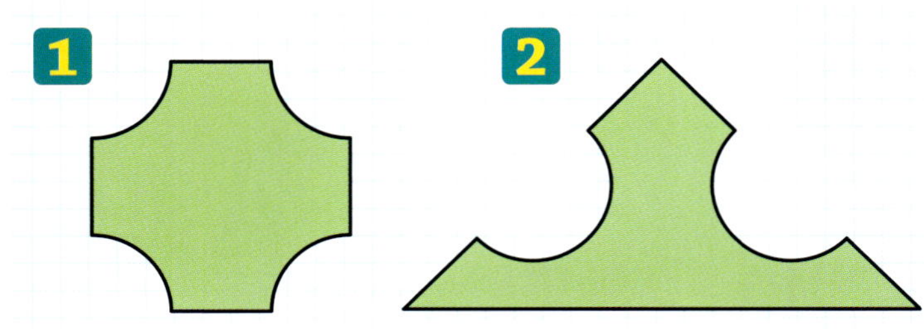

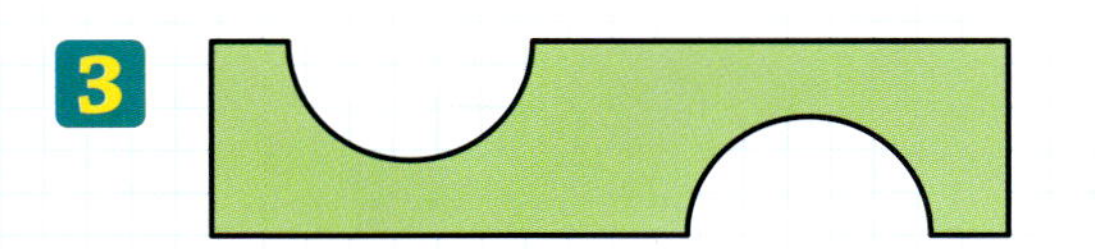

クイズ3 答え 3

1と2は、図のようにならべて星型ができます。でも、3だけは、星型を作ると、まん中に五角形のすきまができてしまいます。また、すきまをなくそうとすると、外側の線が星型になりません。

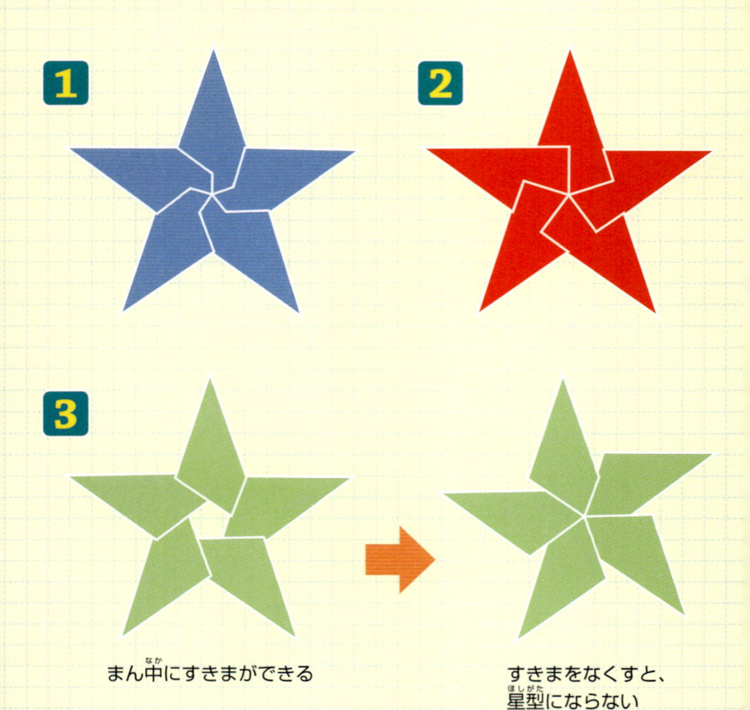

まん中にすきまができる

すきまをなくすと、
星型にならない

1は、紙を4つに切らないと作れない図形です。

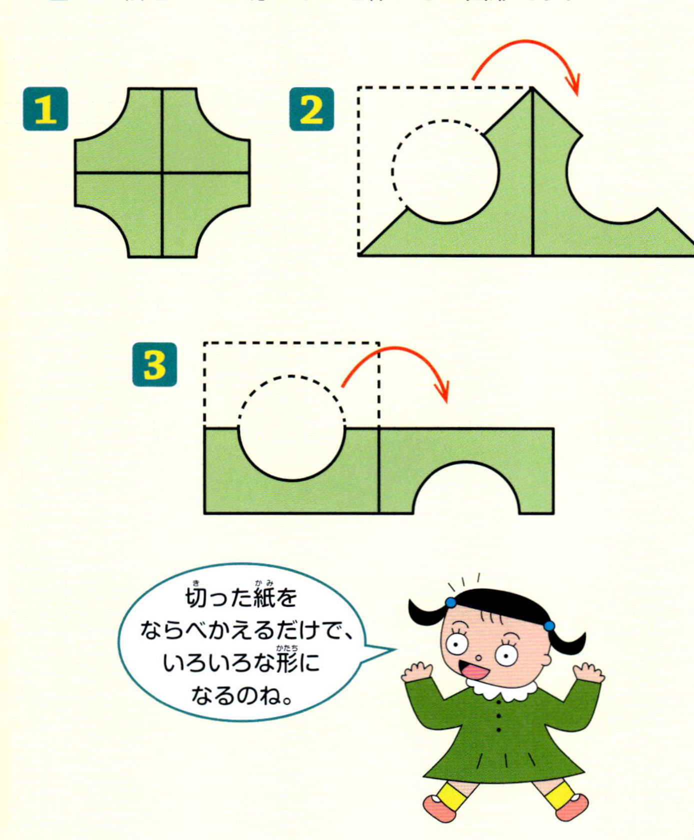

1
2
3
切った紙を
ならべかえるだけで、
いろいろな形に
なるのね。

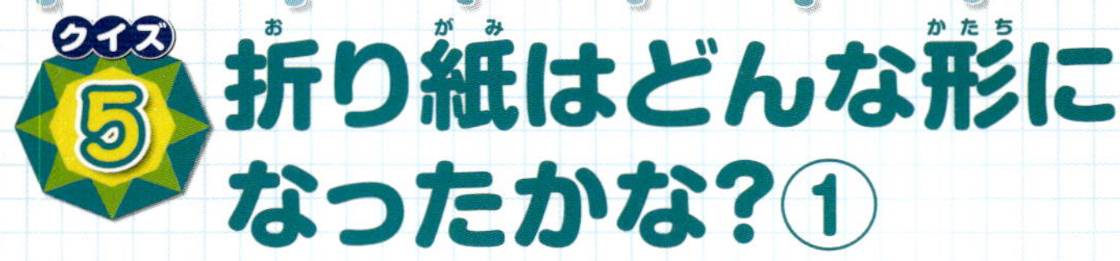

クイズ5 折り紙はどんな形になったかな？①

正方形の折り紙をAからCの順に折りたたみ、Dの形にしてから、最後に、はさみで黒い部分を切り落としました。

折り紙を広げてみると、折り紙はどんな形になるでしょうか。

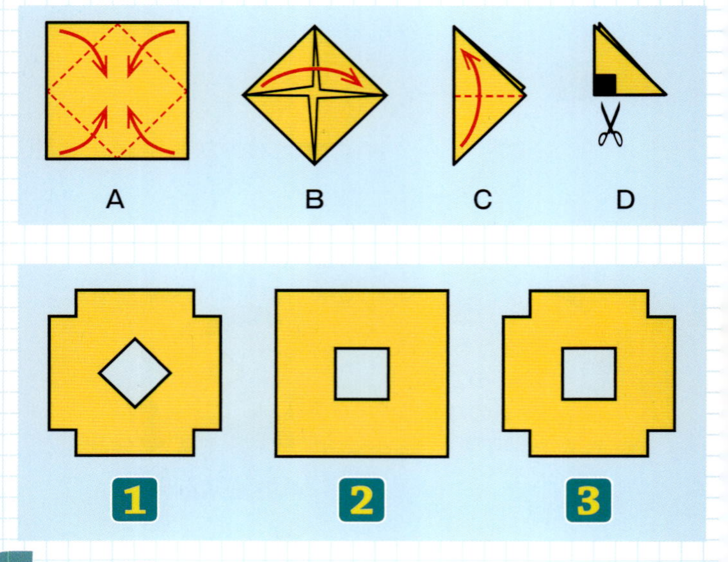

折り紙はどんな形になったかな？②

クイズ５と同じように、正方形の折り紙をＡからＢの順に折りたたみ、Ｃの形にしてから、最後に、はさみで白い部分３か所を切り落としました。

折り紙を広げてみると、折り紙はどんな形になるでしょうか。

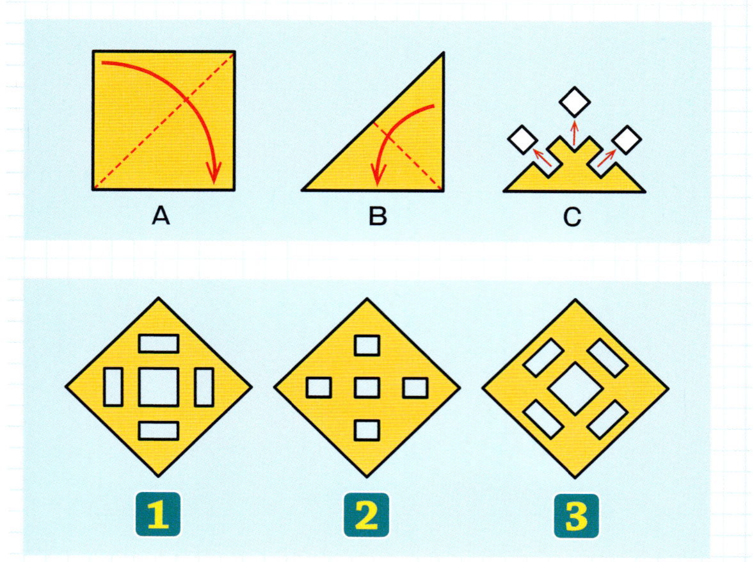

クイズ5 答え 3

作ったときとは逆に、折りたたんで一部を切り落とした紙を広げてみると、折り紙はまん中だけでなく、角の4か所も切り落とされていました。

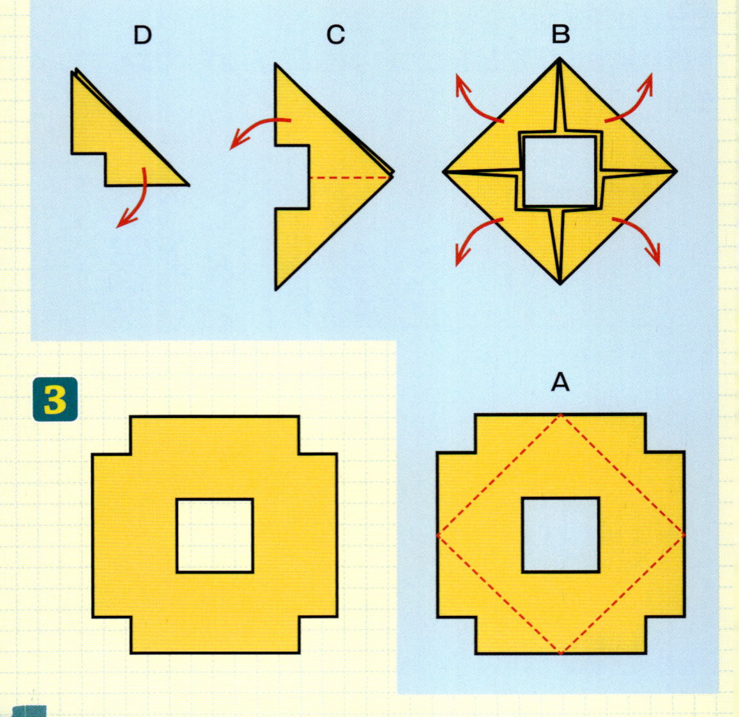

クイズ5とは逆に、1、2、3の折り紙を4つにたたむと、どんな切り口になるか考えましょう。作ったときのCと同じ切り落とし方をしているのは1とわかります。

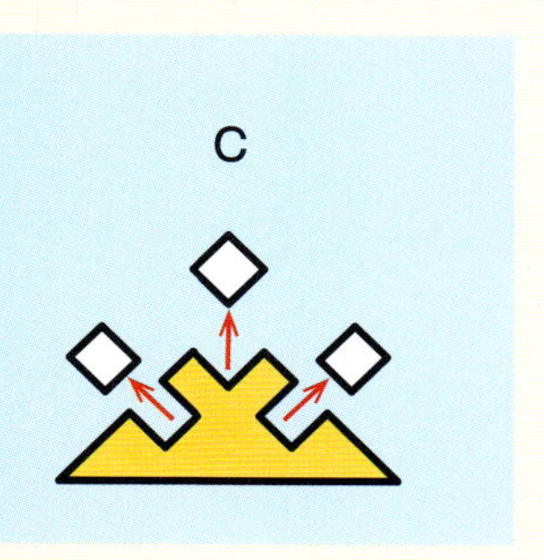

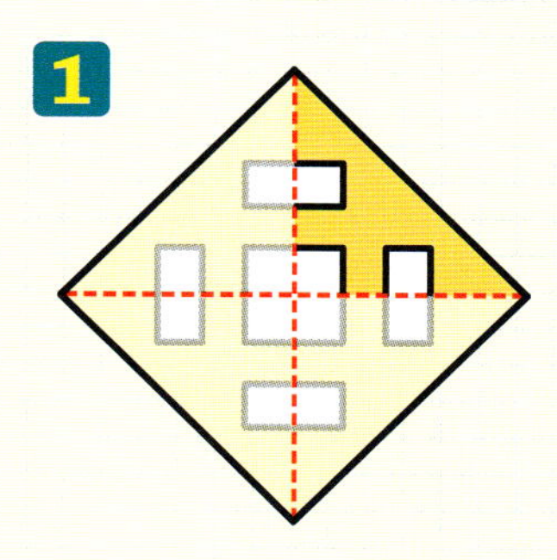

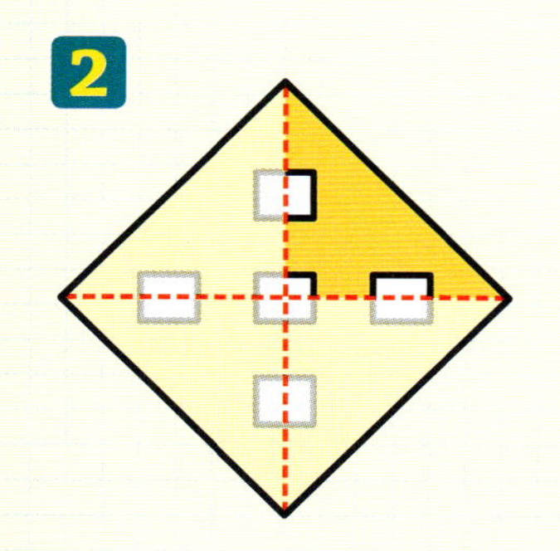

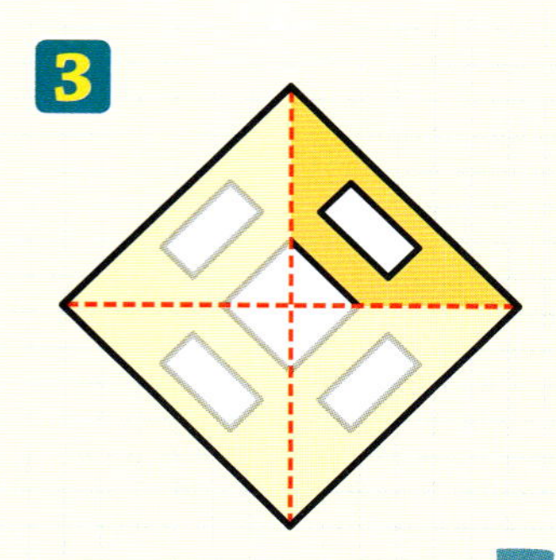

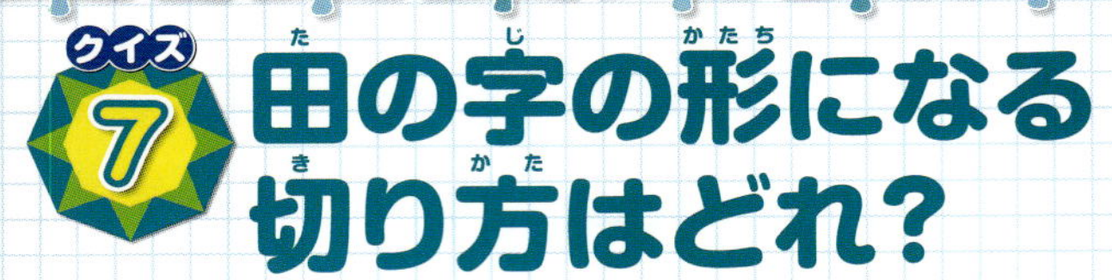

クイズ7 田の字の形になる切り方はどれ？

正方形の折り紙をAからCの順に折りたたみ、Dの形にしてから、最後に、はさみで白い部分を切り落としました。図1の「田」の字の形になる切り方はどれでしょうか。

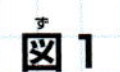
図1

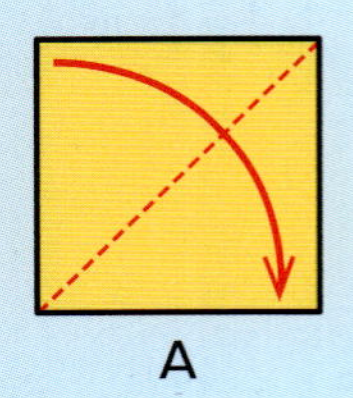
A

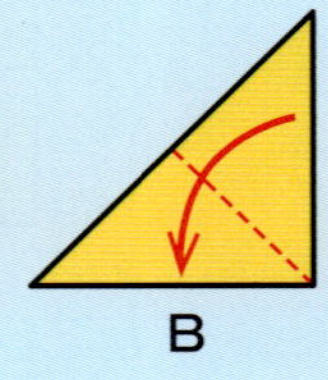
B

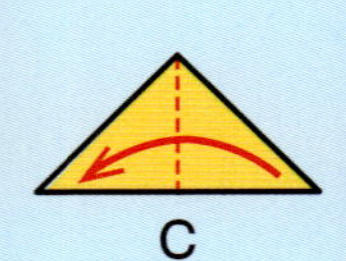
C

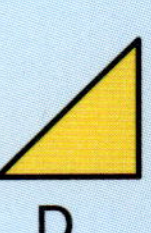
D

1

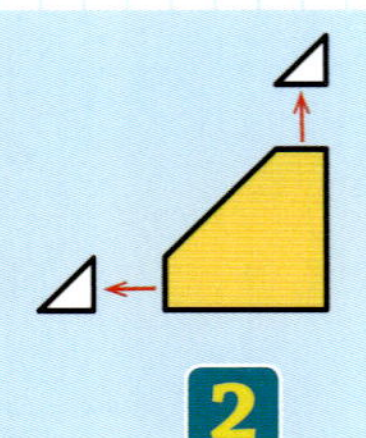
2

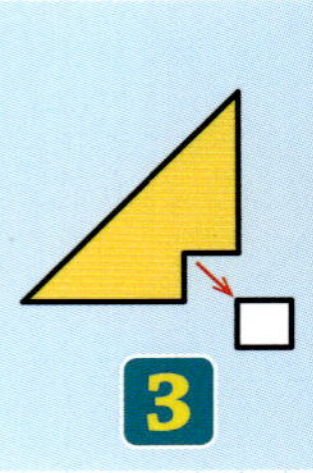
3

9枚の正方形にするには紙を何回折る？

大きな正方形の紙を何回か折りたたんで、はさみで１回だけ切ったら、９枚の正方形になりました。最少で何回、紙を折りたためばよいでしょうか。

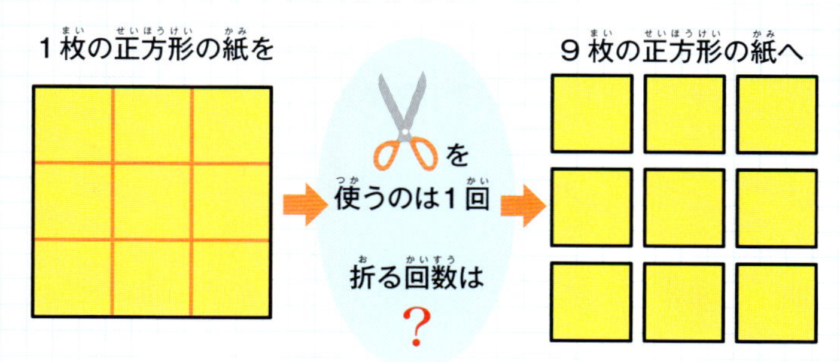

例えば、４枚に切る場合は下の図のように紙を折ります。これを２回と数えることにします。

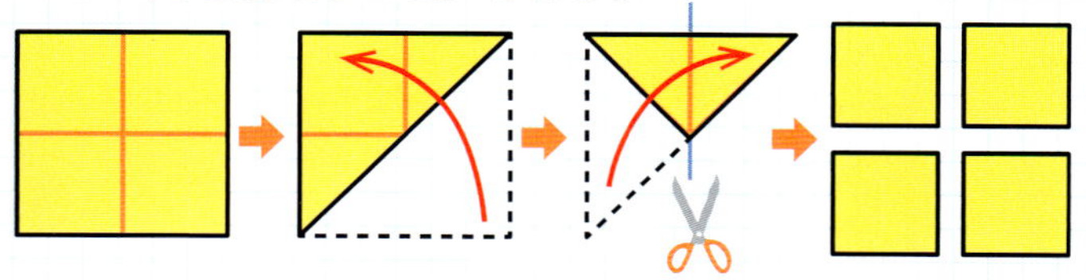

1 3回　**2** 4回　**3** 5回

クイズ 7 答え 1

1、2、3の折り紙を、それぞれ広げてみました。「田」の字の形になっているのは、1とわかります。2と3は、紙のふちを切ってしまったので失敗です。

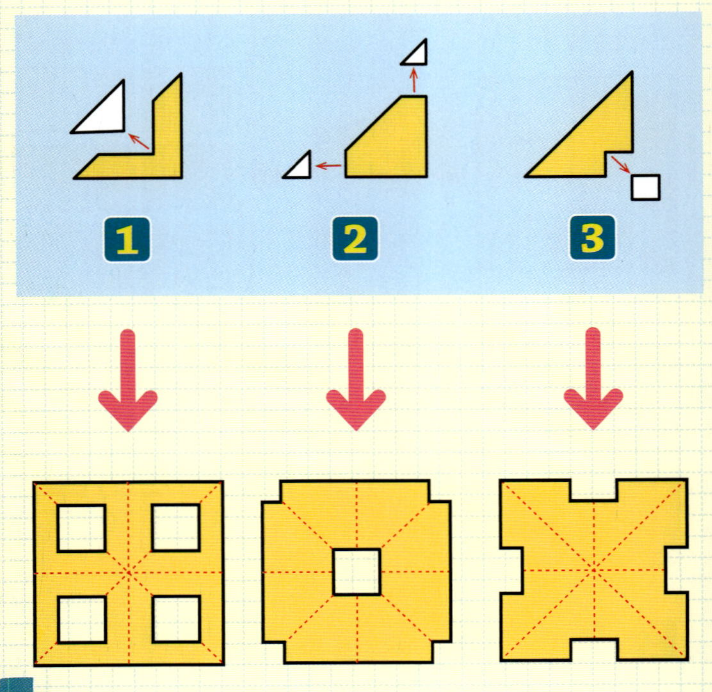

クイズ8 答え 2 4回

4回以上折っても9枚に切れますが、最少の回数は4回です。図は折り方の2つの例です。

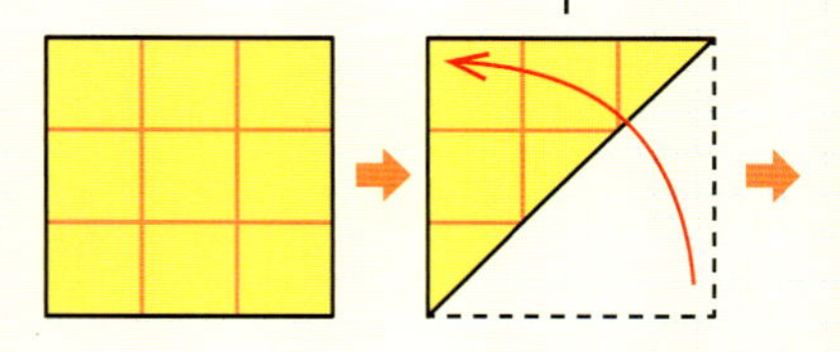

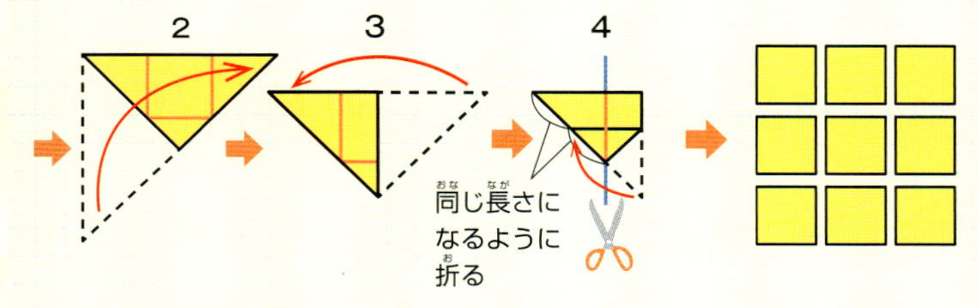

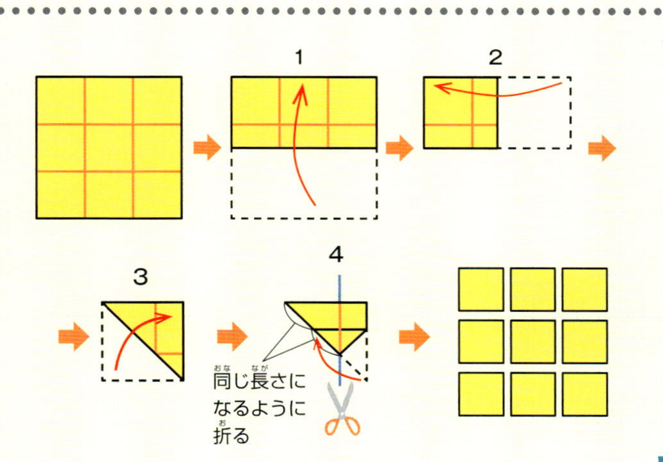

クイズ 9 同じ形で4つに分けられないのはどれ？

縦横４個ずつならんだ正方形のチョコを、同じ形にして４個ずつ、４つに分けたいと思います。下の形のうち、１つだけ同じ形で４つに分けられないものがあります。それはどれでしょうか。

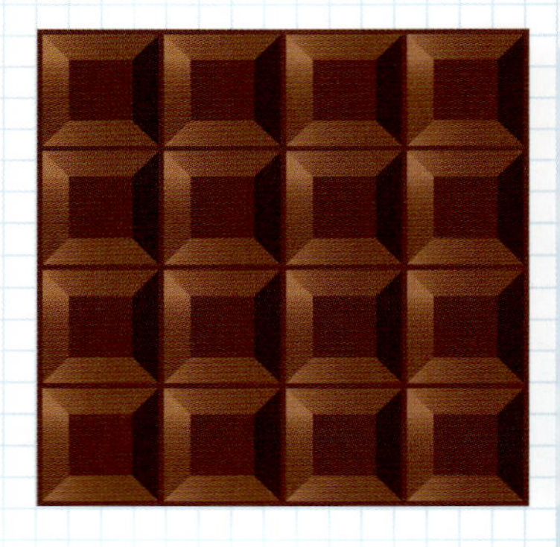

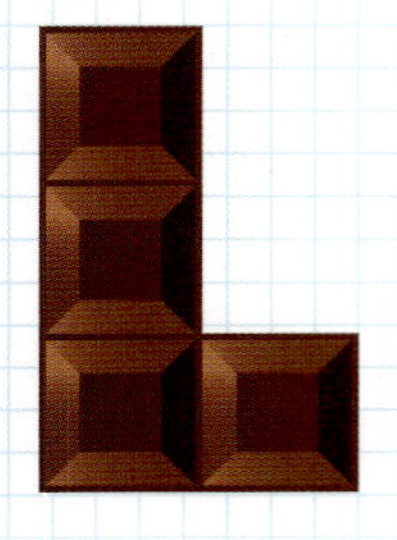

1

3

すきまなくはめるとき使わないタイルはどれ?

5×5の正方形の箱に、すきまも重なりもないようにして、図1のタイルを1個ずつ使ってはめこむことができました。でも、1つのタイルは使いませんでした。使わなかったタイルはどれでしょうか。

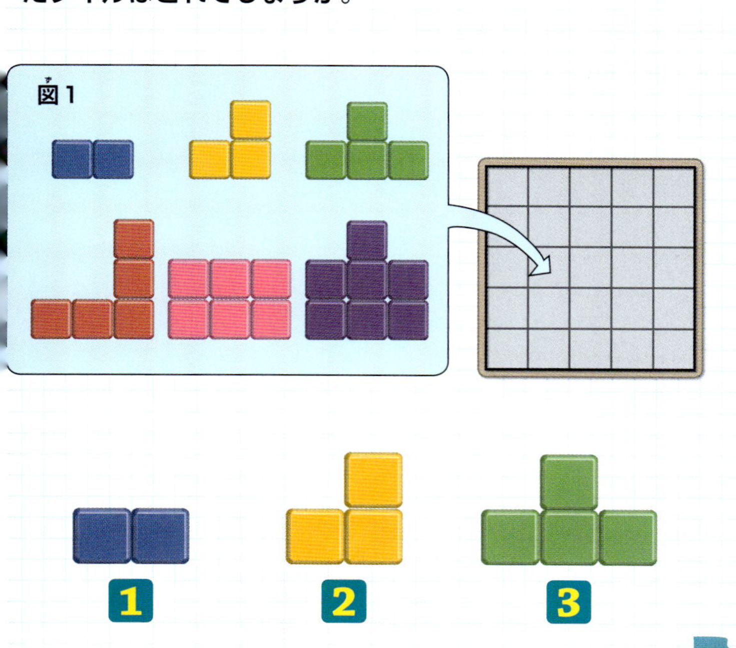

クイズ 9 答え 2

1と3は、図のように分けられますが、2は、4つとも同じ形になるようには分けられません。

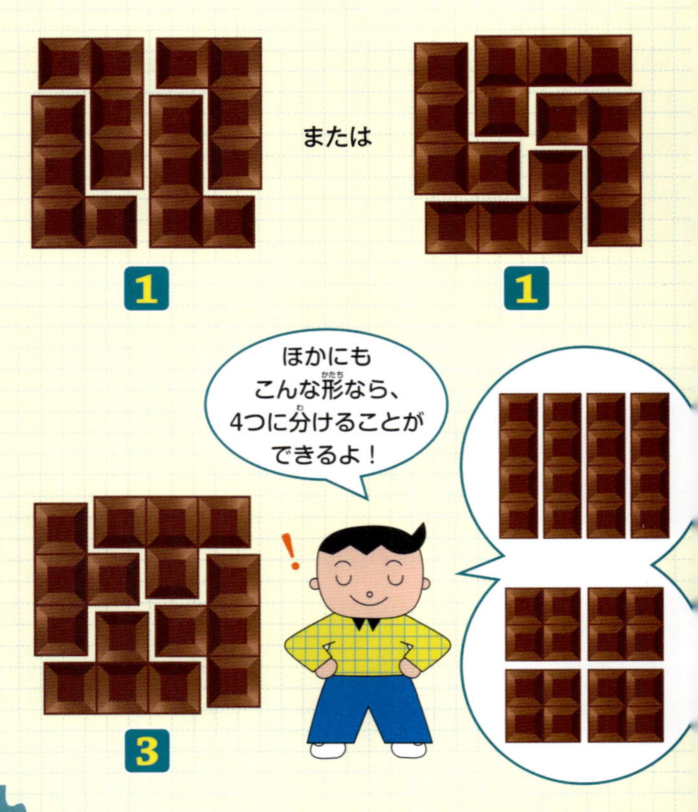
1
または
1
ほかにも
こんな形なら、
4つに分けることが
できるよ！
3

クイズ10 答え 1

タイルの面積を合計すると27です。そこから正方形の箱の面積25を引けば、はめこまなくても、使わないタイルは2の面積のタイルだとわかります。

●タイルの面積を調べると

2

3

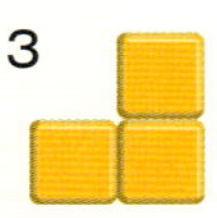

4

5

6

7

面積の合計は27

箱の面積は25

27－25＝2

はめこみ方の例

あまるのは2の面積のタイル

1

クイズ11 2つに切ったとき同じ形にならないのは？

つづみは昔から日本で、手で打つ太鼓として使われてきた楽器です。

つづみの形をした紙を図1のように2つに切って、同じ形を作ります。でも、図の中には、同じ形にならないものが1つあります。それはどれでしょうか。

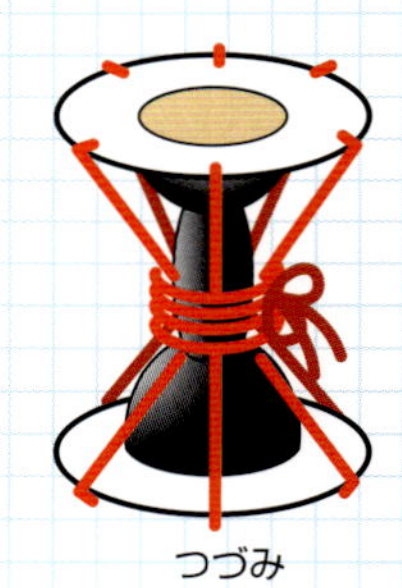
つづみ

図1

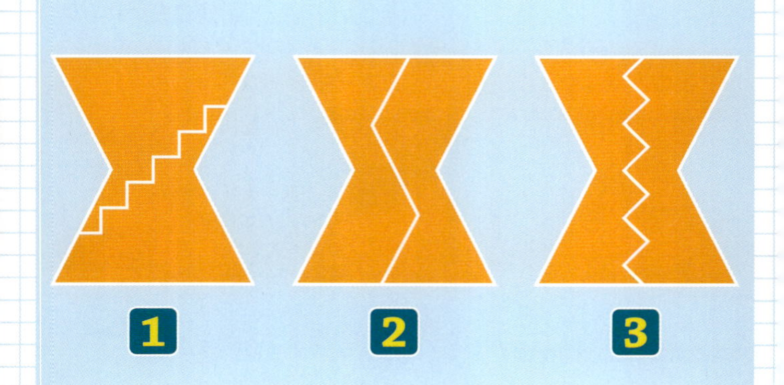

2本の直線を引いていくつに分けられる？

ノートにかかれた、ネコの顔のような図形があります。これを２本の直線で分割するとき、最多でいくつに分けることができるでしょうか。ここで分けた図形は、それぞれ形や面積がちがってもよいとします。

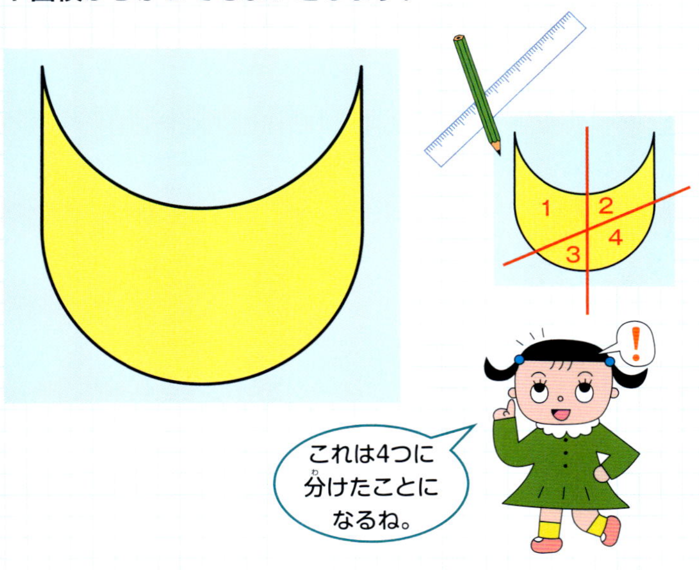

1
2
3
4
これは4つに分けたことになるね。

1 4つ　2 5つ　3 6つ

クイズ11 答え 3

切りはなした形が同じであるか、左右をくらべてみましょう。
3は似ていますが、ちがう形です。

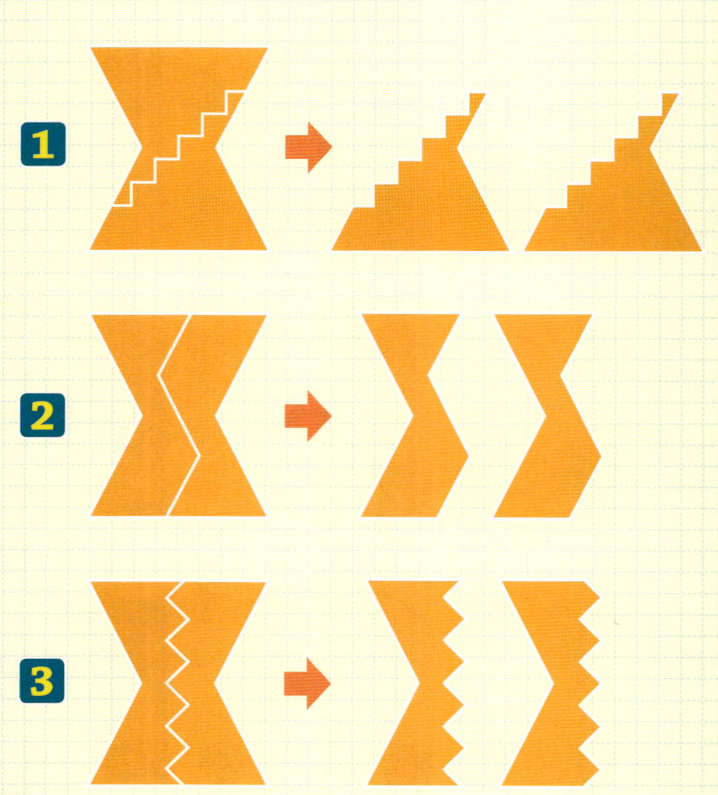

6つ

いろいろな分け方の例をあげます。最多で6つになります。

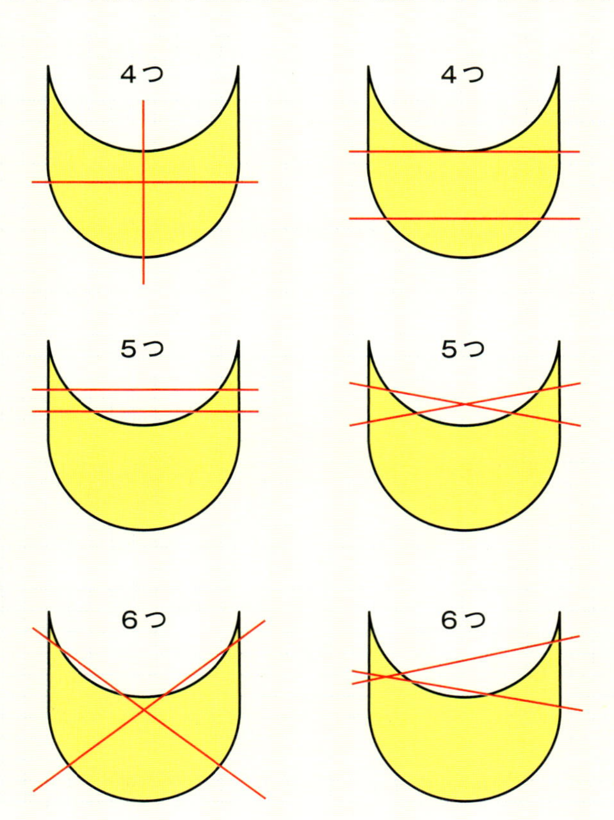

クイズ13 正六角形を8等分できない切り方はどれ？

正六角形のケーキを、友だち８人で分けることになりました。１人１切れずつ、みんな同じ大きさ、同じ形に切りたいと思います。ケーキナイフで切るので、切り分ける線は直線になります。

８人で切り方を話しあった結果、A、B、Cの３つの案がでました。正しくない切り方はどれでしょうか。（裏返して重ねたとき、ぴったり重なる図形は、同じ形とします）

●正六角形のかき方

①円をかく。

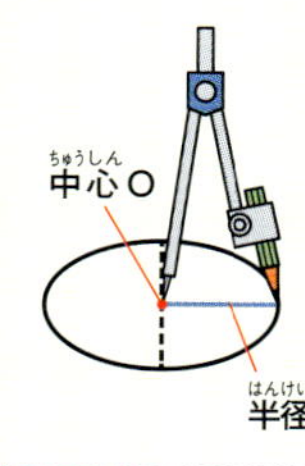

②中心を通る直線ABをかき、Aを中心に、同じ半径の円をかく。

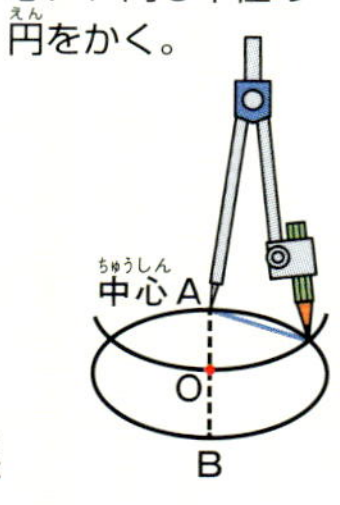

③Bを中心に、同じ半径の円をかく。

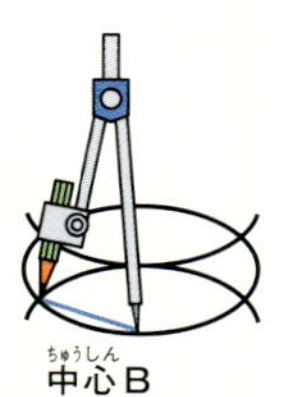

④最初の円周上の6個の点を結ぶと、正六角形ができる。

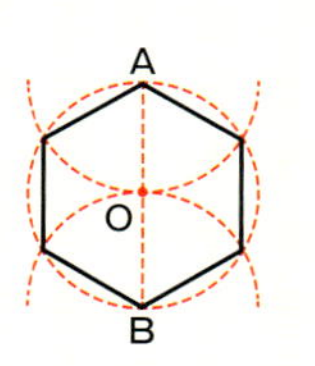

A

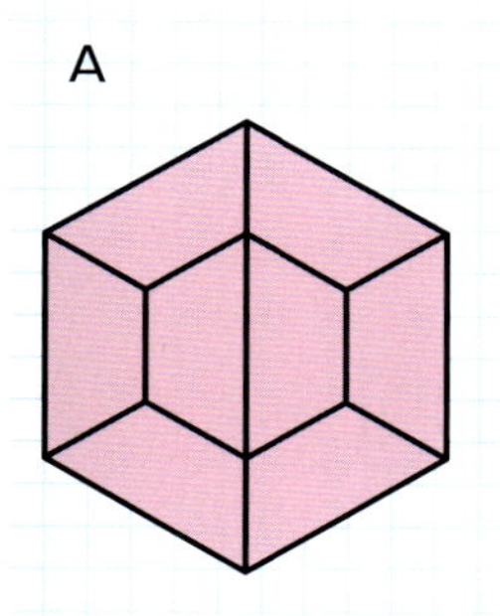

B

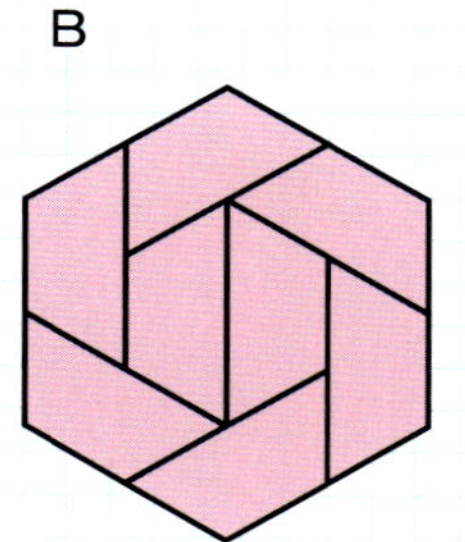

C

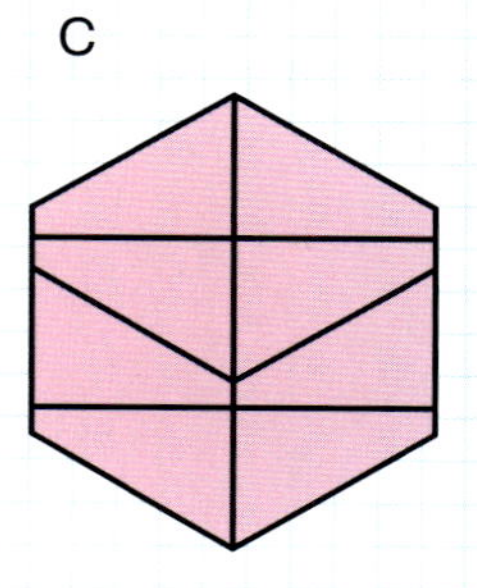

1 Cがおかしい　**2** BとCがおかしい

3 どれも正しい

クイズ13 答え 3 どれも正しい

(1) AとBの切り方

正六角形は、下の図のように24個の正三角形からできていると考えると、1人分のケーキは、正三角形3個分になります。

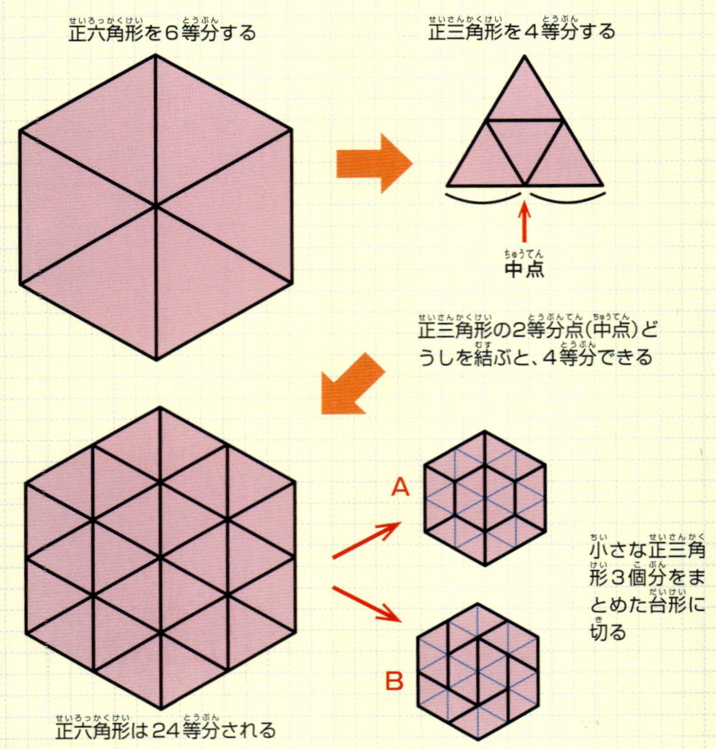

(2) Cの切り方

正六角形ABCDEFを、まず同じ面積の長方形BGHFにしてから4等分すると考えます。切る長さBI（＝FJ）がわかったら、その長さをケーキの中央部KLに移しとります。4等分された長方形をさらに2等分するときは、六角形の辺と平行に切ります。

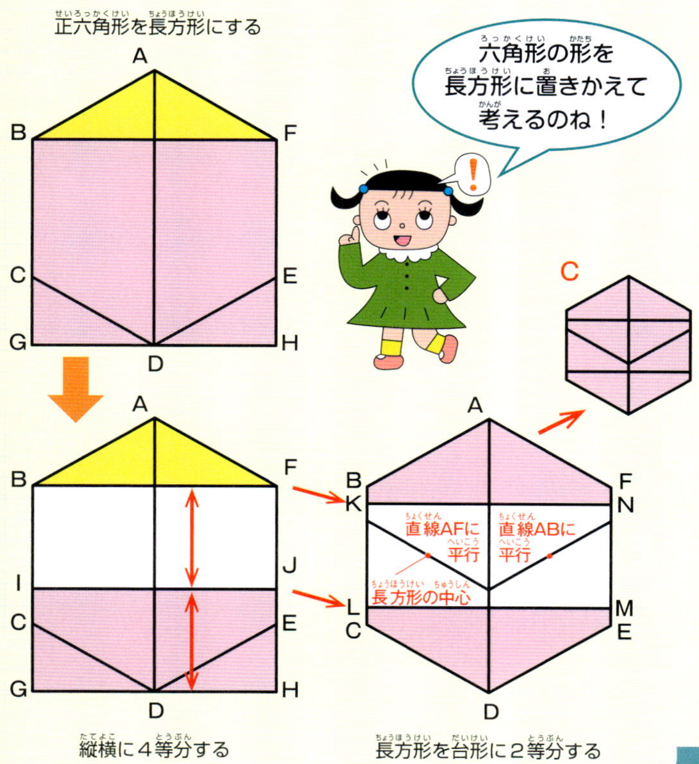

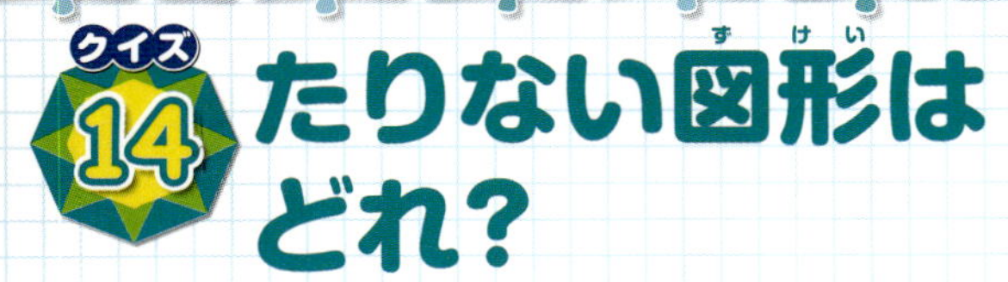

クイズ14 たりない図形はどれ？

図１の赤い図形を、ある共通の決まりで変形したら、図２の青い図形になりました。でも、赤い図形が１つたりません。たりない赤い図形はどれでしょうか。

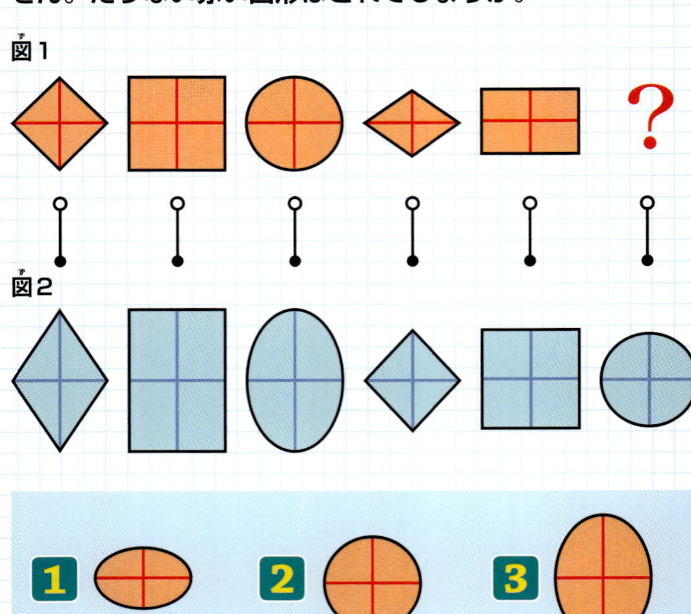

合わせると正方形になるのはどの図形？

赤い正方形を、切り口をジグザグにして２つに切ったら、１つは図１のような図形になりました。もう一方の図形はどれでしょうか。

図１

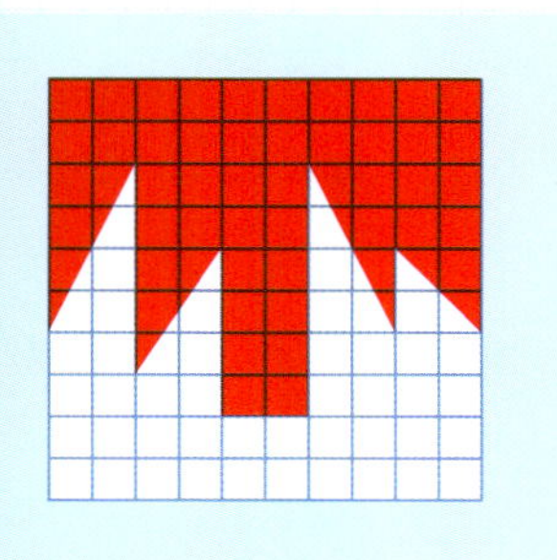

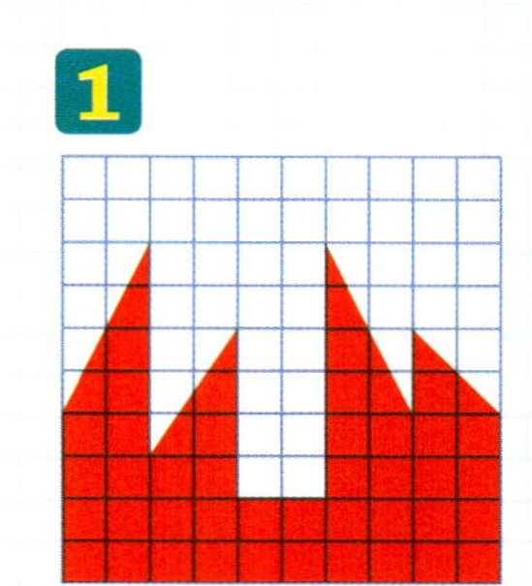

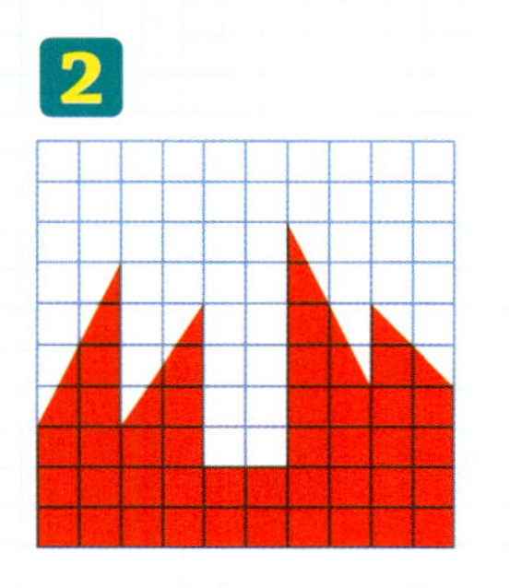

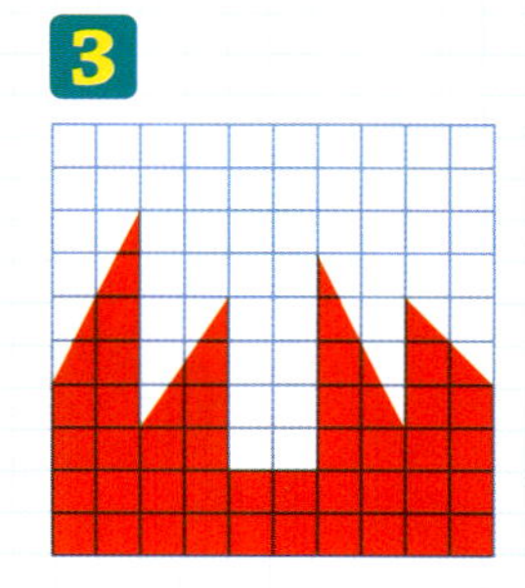

クイズ14 答え 1

ある共通の決まりとは何かを考えるために、図形をよく見ると、図形の横はばが同じであることがわかります。その上で、図形がどう変わったのか、もう一度見てみると、青い図形は、赤い図形のはばを変えず、高さだけをのばしたものであることがわかります。

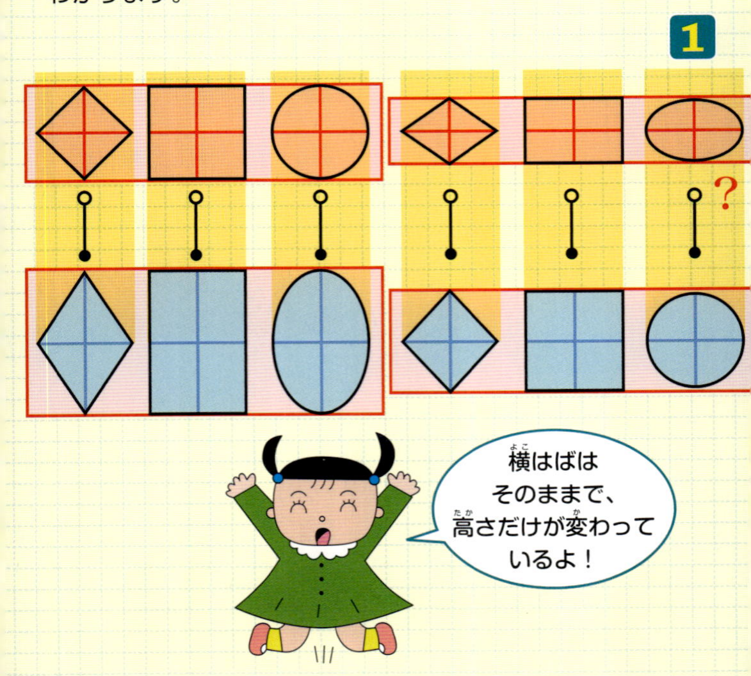

1
?
横はばは
そのままで、
高さだけが変わって
いるよ！

クイズ15 答え 1

どれも似た形をしていますが、ちがいはとがった部分の高さです。マス目を利用して、数字で表すとわかりやすくなります。

よく見ると、
山の高さが
ちがっているね!

(1)白い図形に注目して、とがった山の高さを調べます。

図1

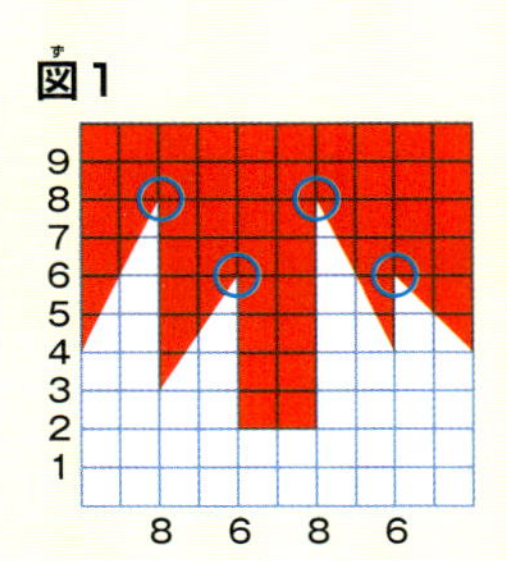

(2)もう一方の図形は、赤い図形に注目して、山の高さを調べます。図1と同じ数字になるものが、正しい図形です。

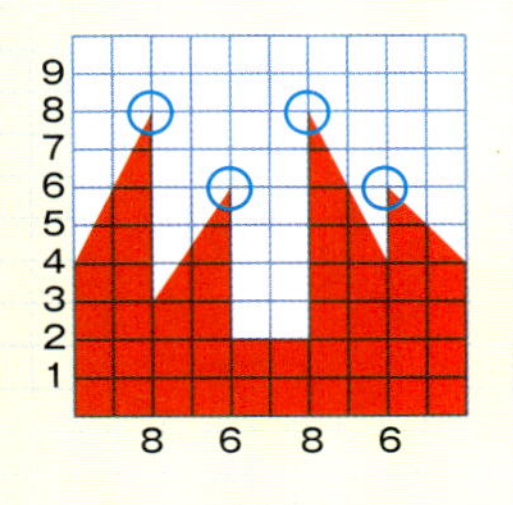

1

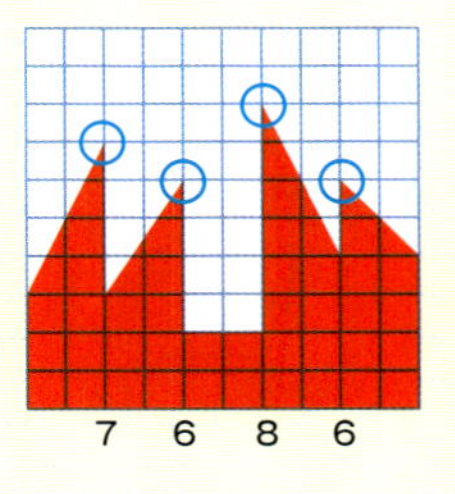

2

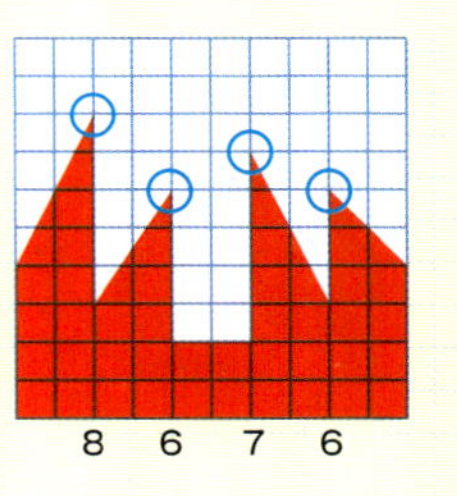

3

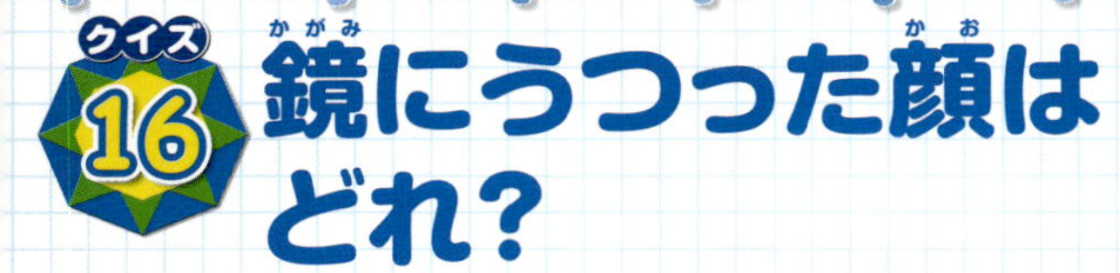

クイズ16 鏡にうつった顔はどれ?

　節分の豆まきで使う、おにのお面をお父さんがつけて、鏡で自分の顔を見ました。
　そのとき見えた顔は、どれだったでしょうか。

3

店の中から見た文字はどれ？

　とうめいなうすいまくに印刷された、店名「ロミーエ」の文字が、道路側に向けて、店のガラスドアにはられています。

　店の中から見ると「エーミロ」に読めてしまうのですが、その文字はどれでしょうか？

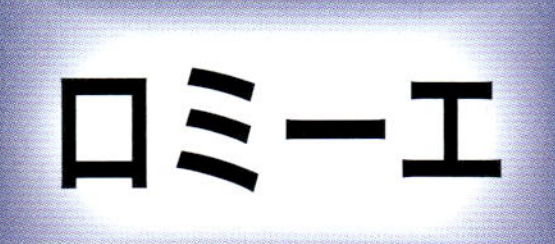

1 エーミロ

2 エーミロ

3 エーミロ

クイズ16 答え 1

鏡では、お面の左右が逆に見えます。お父さんの目は動きますから、目の位置は関係ありません。2はかみの毛が、3はほくろの位置がちがいます。

目は
左右に動かせるから
手がかりには
ならないんだね！
！

下の青い線の右側は、1から3の文字を、店の外から見た文字です。正しく「ロミーエ」と読めるのは3です。

	内側	外側
1	エーミロ	ロミーエ
2	エーミロ	ロミーエ
3	エーミロ	ロミーエ

読み方だけじゃなく形も変わるんだね！

編んだ紙テープを裏返したらどうなる？

両面が同じ色の、赤、青、黄色の紙テープがあります。これを同じ長さに切って、図１のように重ね、ノートにはさんでから右側の位置に裏返しました。

このときできる、紙テープの模様はどれでしょうか。

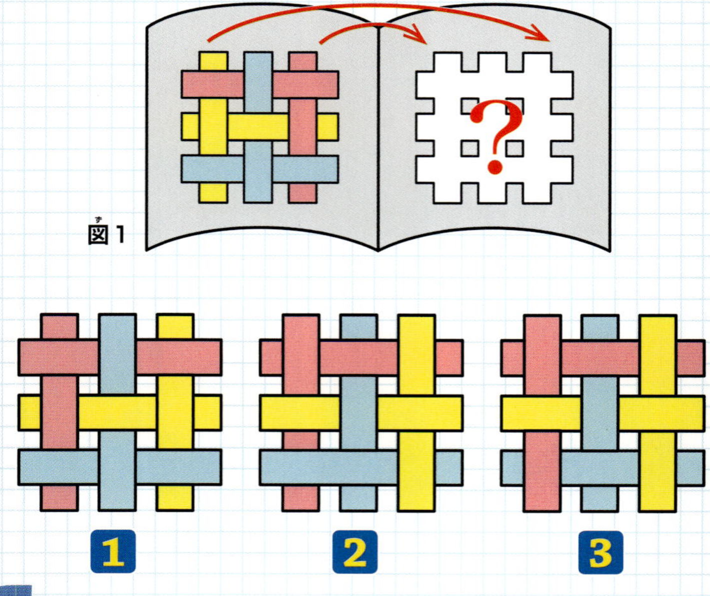

図１

結びかけのはちまきを裏返したらどうなる？

表が赤、裏が白のはちまきを結ぶとちゅうで、図1のような模様ができました。これを、結びがほどけないようにして、そっと裏返しました。そのときの模様はどれでしょうか。

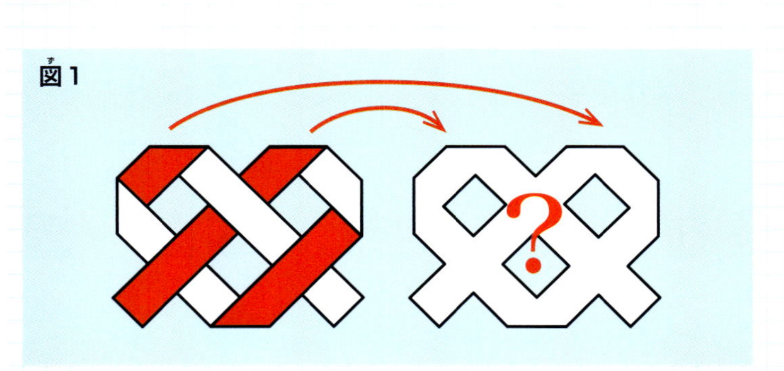

クイズ18 答え 3

色のならび方は、左右で反対になります。同時に、紙テープの重なりの上下が、逆になることに気づかなければなりません。よく似た図のちがいを、注意深く観察する力も必要です。

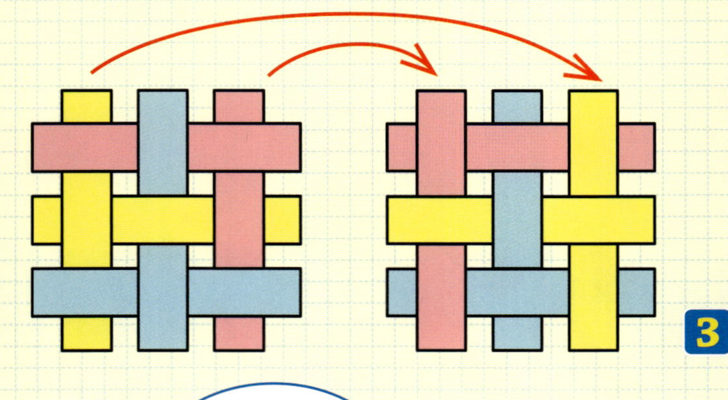

問題とは逆に、
左側に裏返しても
答えの模様は
同じになるよ！

クイズ18の紙テープと似た問題ですが、こちらはなんと、まったく同じ模様になりました。はちまきの重なりの上下は逆になっているのに、ふしぎですね。

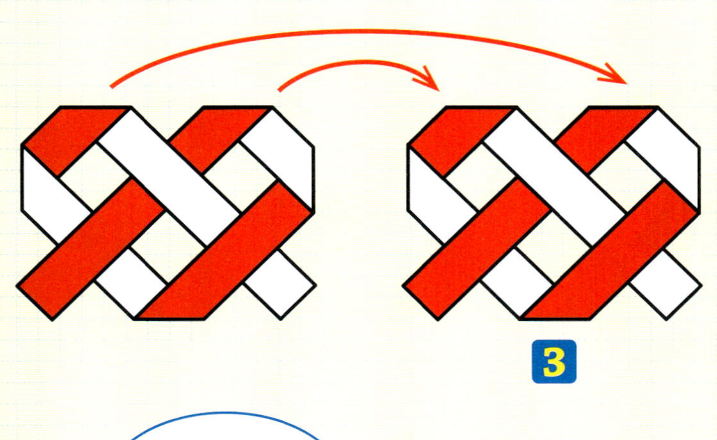

結び目の形と色の両方に注目するとわかりやすいよ！

クイズ20 同じカードはどれとどれ？

よく似たカードが５枚あります。このうち２枚は、同じカードです。それはどれとどれでしょうか。カードの向きは変えてありますが、裏返してはいません。

A

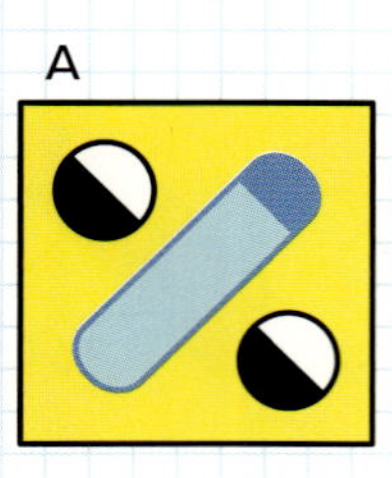

B

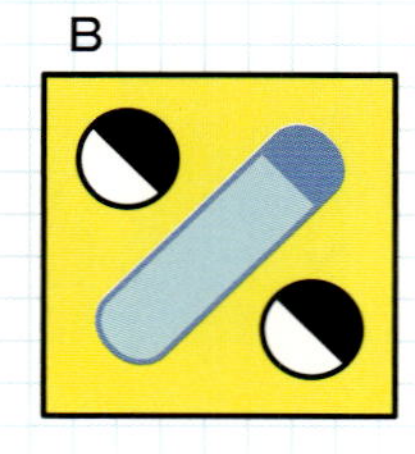

C

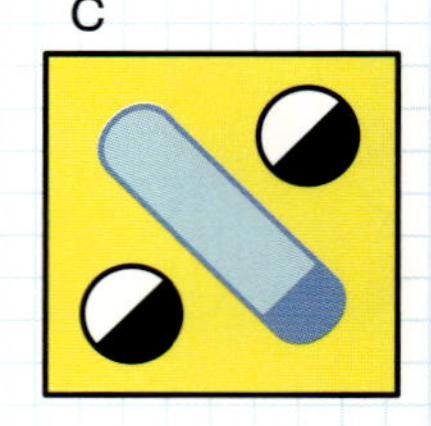

D

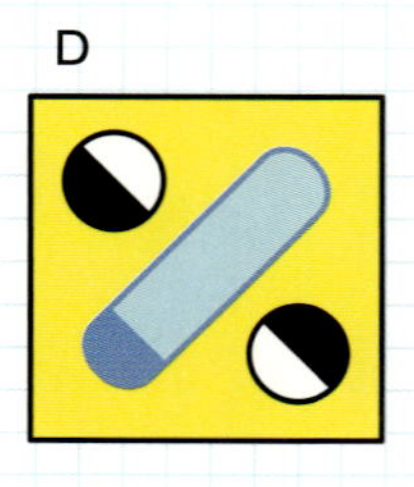

E

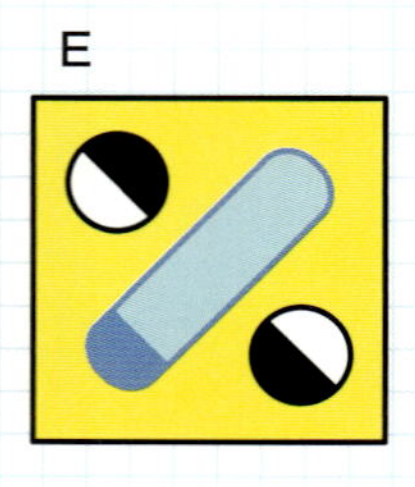

1 AとB　**2** BとC　**3** DとE

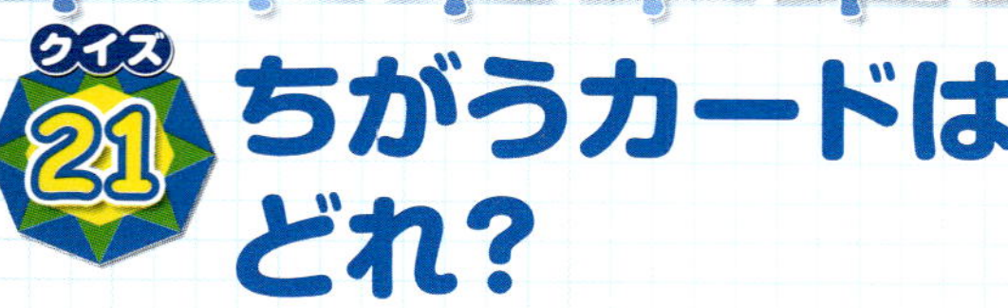

クイズ21 ちがうカードはどれ?

よく似たカードが５枚あります。このうち１枚だけちがうカードがまぎれています。それはどれでしょうか。カードの向きは変えてありますが、裏返してはいません。

A

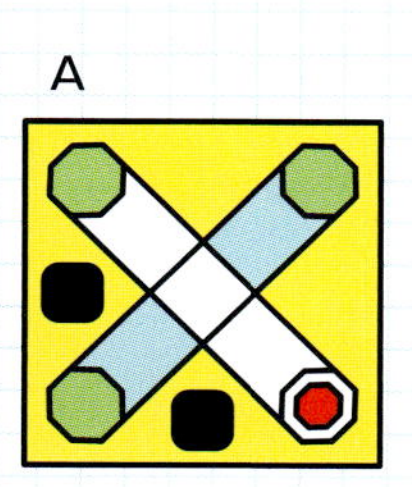

B

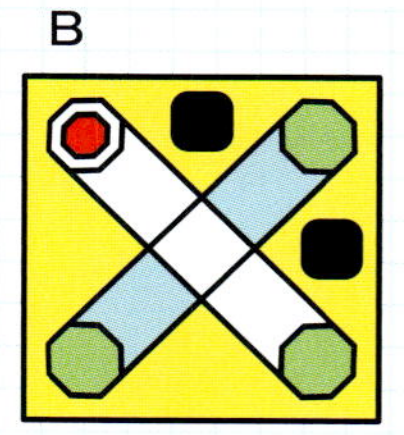

C

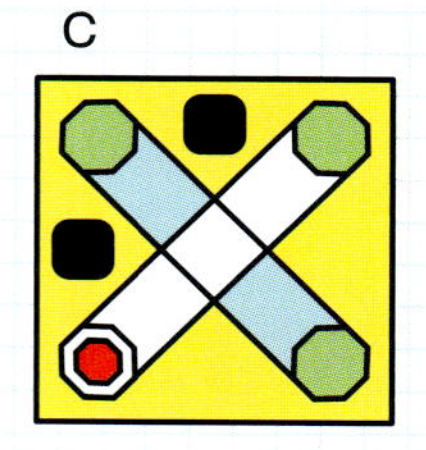

D

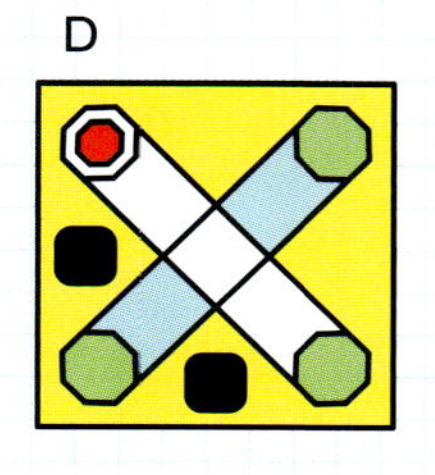

E

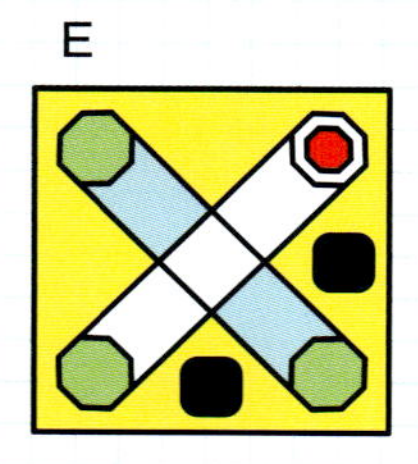

 1 B　 2 C　 3 D

クイズ20 答え 2 BとC

中央の青い線の方向がそろうように、カードを回転させてみると、AとB、DとEは、丸の中の白と黒の位置がちがうことがわかります。同じカードは、BとCです。

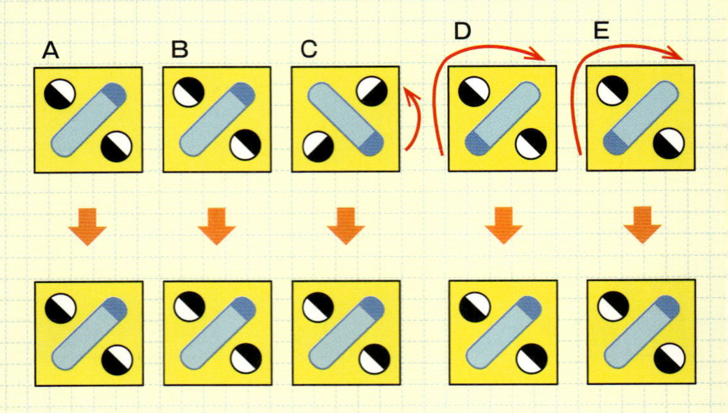

問題の図を記号に置きかえてみます。青い線を長い矢印で、2つの丸は短い矢印で白から黒の方向を指すようにかいてみましょう。すると、問題図は次のようになり、わかりやすくなります。

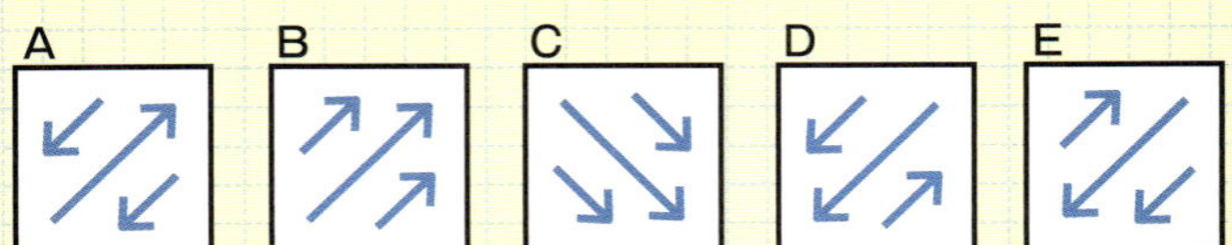

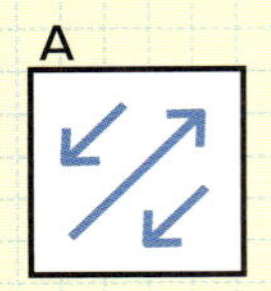
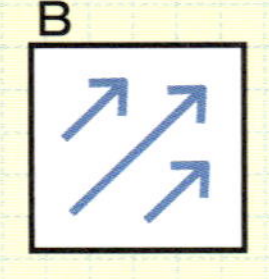
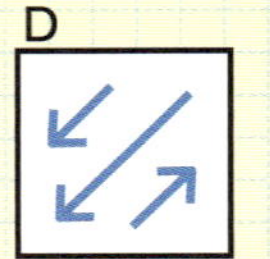
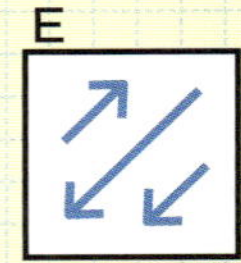

赤い点が左上になるように、カードを回転させてそろえてみると、Dだけがちがうことがわかります。

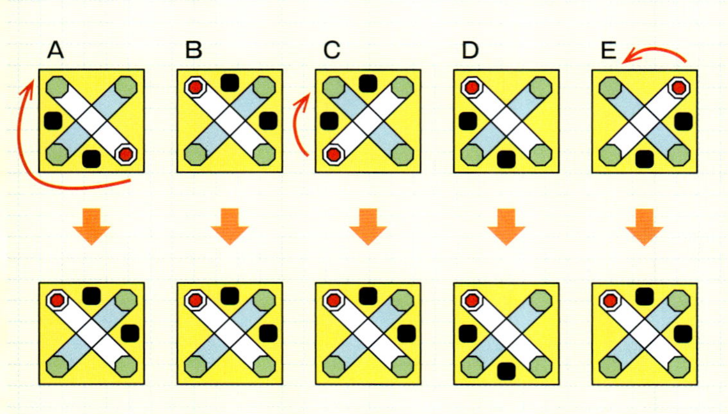

クイズ20のように、問題の図を記号に置きかえてみます。緑から赤に向かう線を長い矢印で、2つの黒い四角は短い線で表してみましょう。すると、問題図は次のようになり、わかりやすくなります。

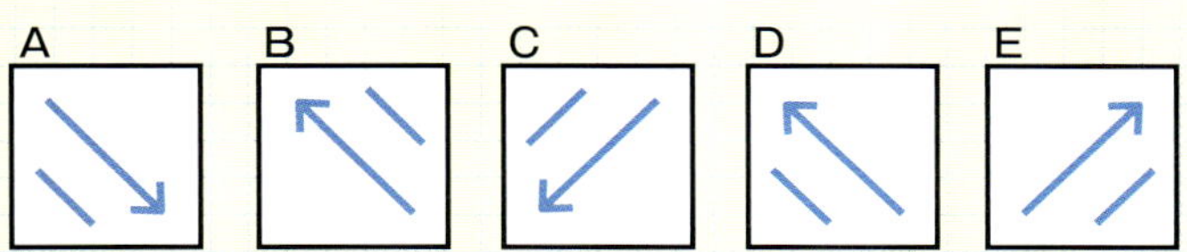

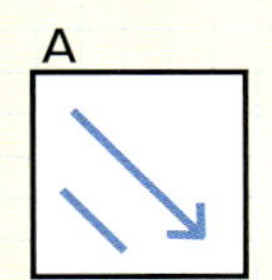
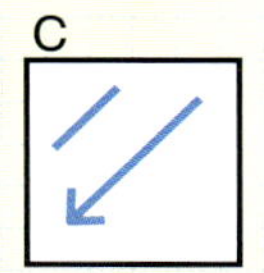
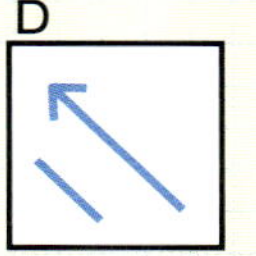
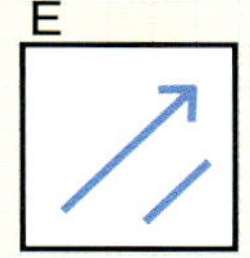

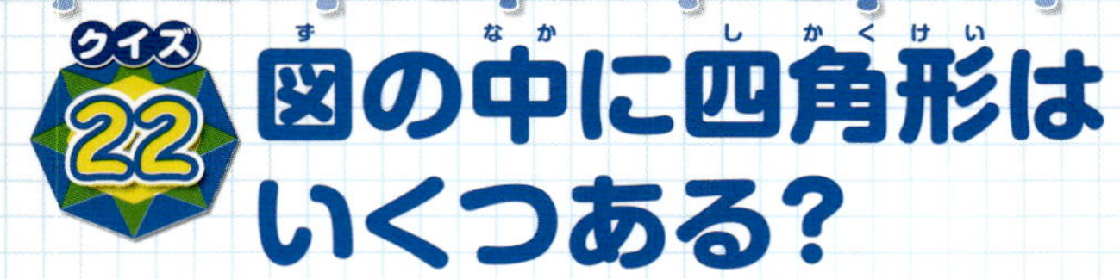

クイズ22 図の中に四角形はいくつある?

正方形を直線で区切った図2の中には、図1のAのような3つの三角形のほか、BやCのように2つの図形が合わさってできた三角形など、全部で6個の三角形がかくれています。

では、図2の中には、全部でいくつの四角形がかくれているでしょうか。

図1

A

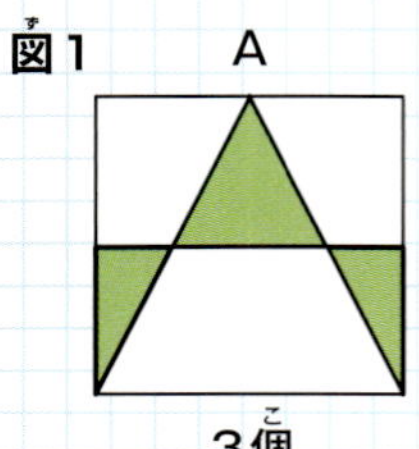

3個

B

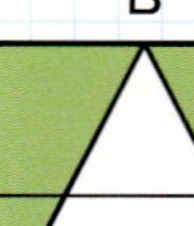

2個

C

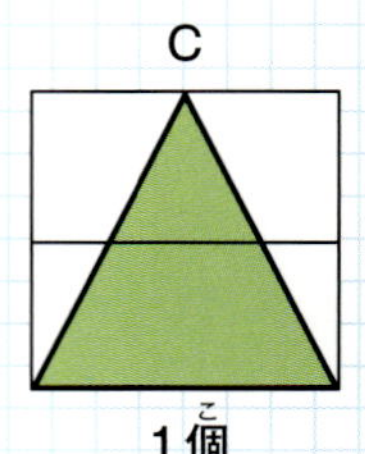

1個

図2

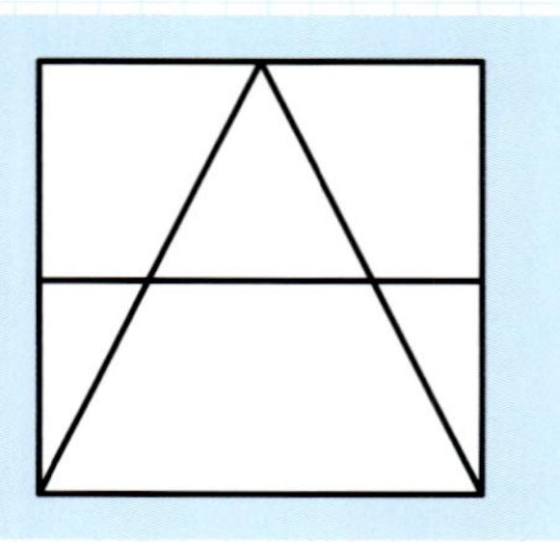

1 9個

2 11個

3 12個

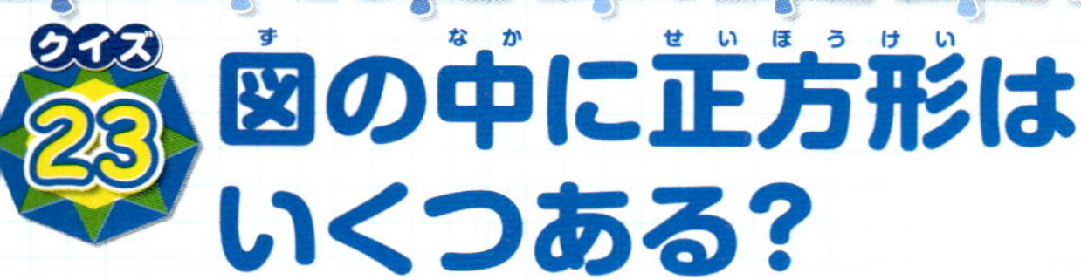

クイズ23 図の中に正方形はいくつある？

図1の中には、いくつの正方形があるでしょうか。全部数え上げてください。

図1

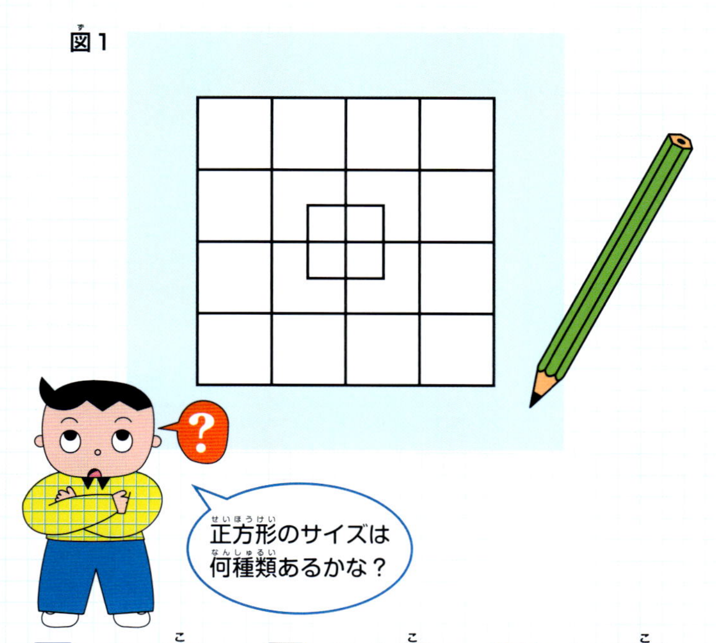

  1 33個　 2 34個　 3 35個

クイズ22 答え 3 12個

全部で12個です。正方形そのものも、四角形の1つであることに注意しましょう。

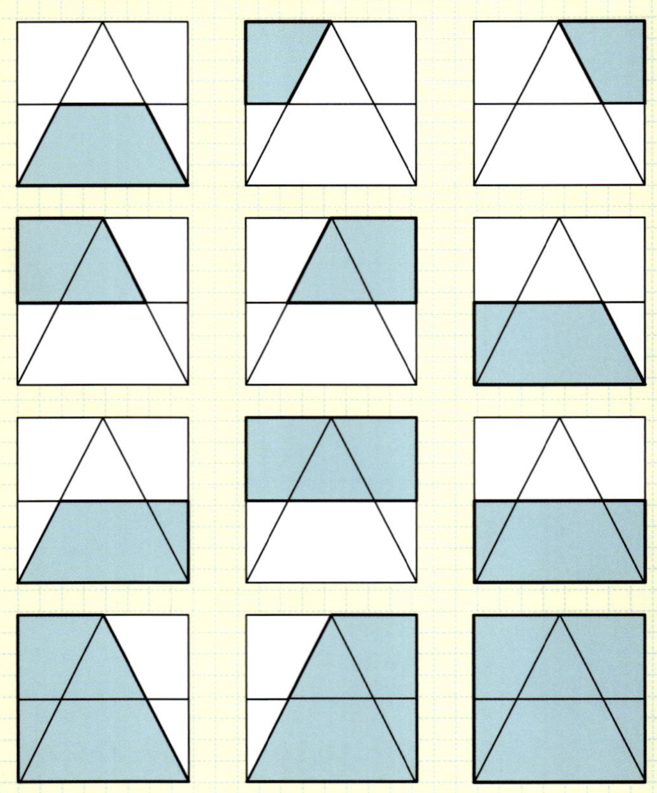

正方形のサイズは５種類あります。大きな正方形１辺の長さを４として調べてみましょう。(1)と、(4)の右の正方形の数えわすれに注意して下さい。

(1) 1辺4の正方形が1個

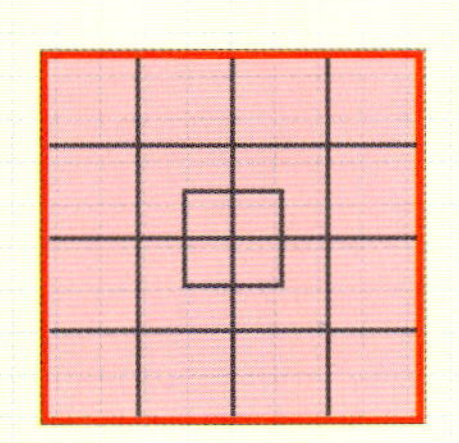

(2) 1辺3の正方形が4個

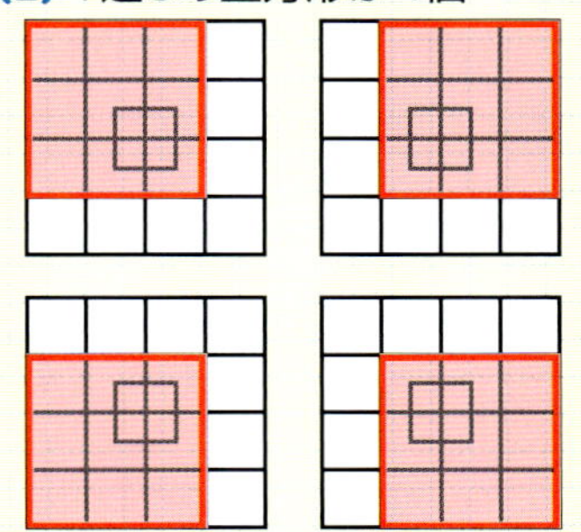

(3) 1辺2の正方形が9個

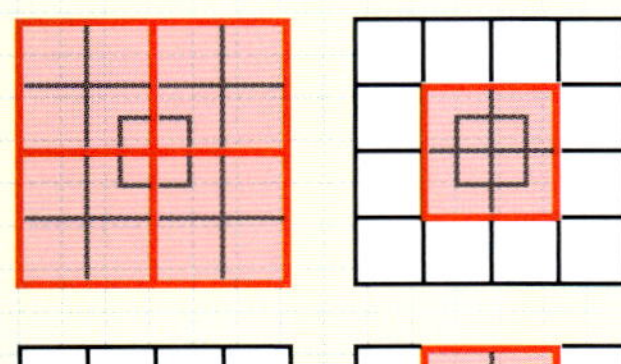

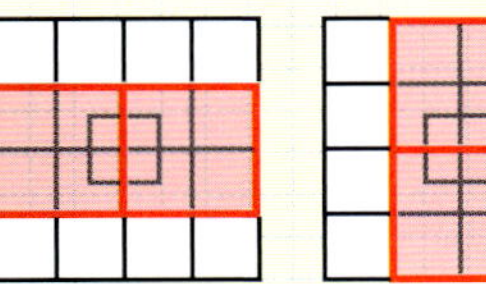

(4) 1辺1の正方形が17個

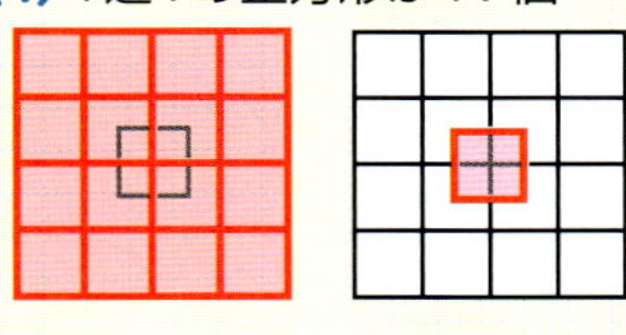

(5)

1辺0.5の正方形が４個

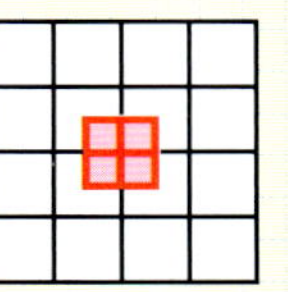

100円玉はどんな向きになる?

図1の中央にあるAの100円玉は、動かないように固定されています。Bの100円玉をAにつけたまま、すべらないように右に回転させて、Cの位置に移しました。このとき、Cの100円玉はどんな向きになっているでしょうか。

図1

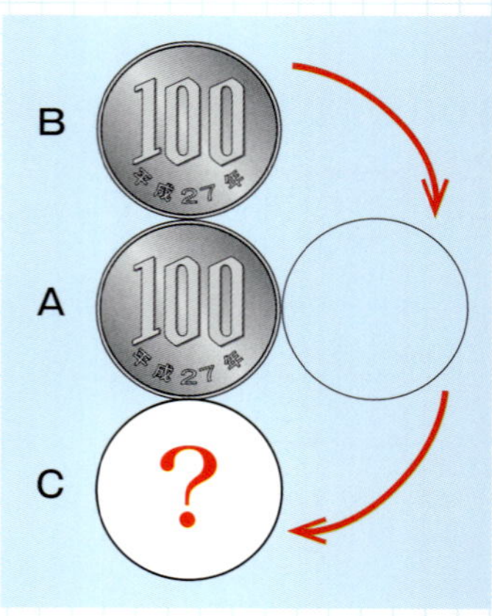

1

2

3

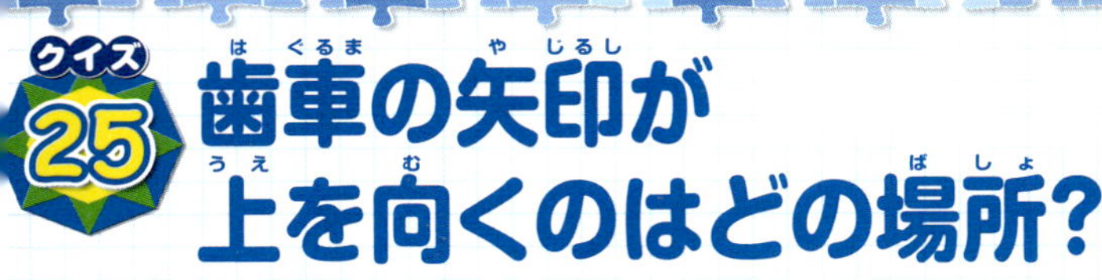

歯車の矢印が上を向くのはどの場所？

16個の歯がついた丸い歯車Aが、平らな歯車Bの上を、回転しながら右に移動していきます。歯車Aには矢印がついていて、回転にあわせて向きを変えます。上を向いていた矢印が、1回転してまた上を向いたとき、歯車Aは、歯車Bの目もりのどの場所にあるでしょうか。

丸い歯車A

回転しながら、右にまっすぐ移動する

平らな歯車B

1 2 3 4 5 6 7 8 9 10 11 12 13 14 15 16 17 18 …

スタート

平らな歯車Bの目もり

1 8の目もり

2 16の目もり

3 32の目もり

クイズ 24 答え 2

実際にやってみると、Bの100円玉は、図1のように向きを変えながら回転します。

図2のように、BからDに移動するときは、図の青い部分が接し、DからCに移動するときは、図の赤い部分が接すると考えてもいいですね。

図1

図2

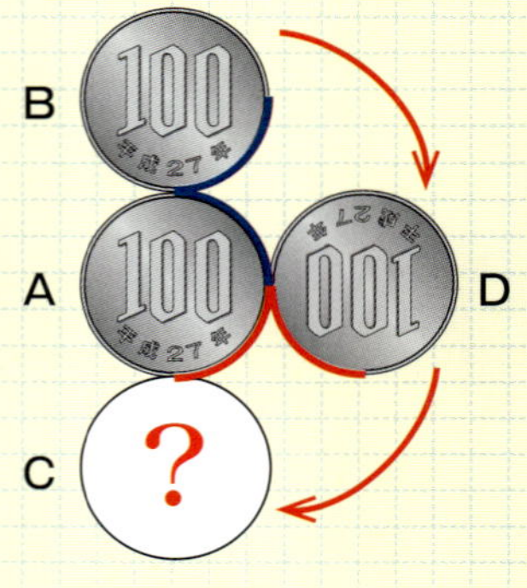

1周していないのに
1回転するのね！

クイズ25 答え 2 16の目もり

クイズの問題は、回転する力を直線運動に変えるしくみです。自動車のタイヤに似ていますが、歯車はすべらないので確実に直線上を移動します。歯車Aがちょうど1回転すると、歯車の歯の数と同じだけの距離を進みます。

紙を丸めてつつを作り、下のような実験をしてみましょう。

（1）丸めた紙よりも大きな紙を用意します。その上をすべらないように注意しながら紙のつつを転がして、1回転させます。

（2）移動した距離は、紙のつつのまわりの長さと同じです。このことは、移動した距離分の下の紙をつつにまいてみると、確かめられます。

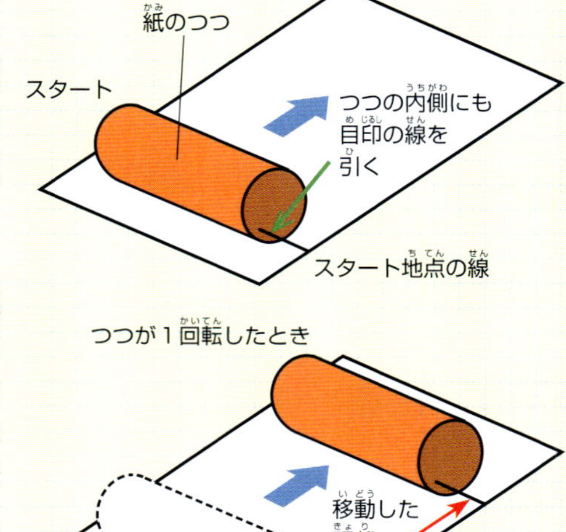

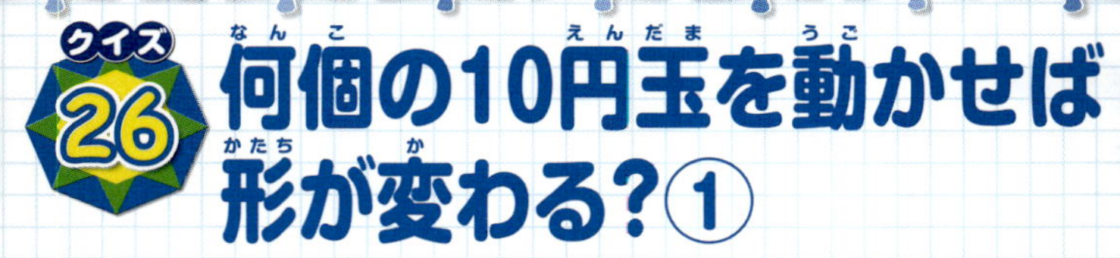

クイズ26 何個の10円玉を動かせば形が変わる？①

テーブルの上に、10個の10円玉が、図1のようにならべてあります。何個かの10円玉を動かして、図2の形にするには、最少で何個の10円玉を動かせばよいでしょうか。

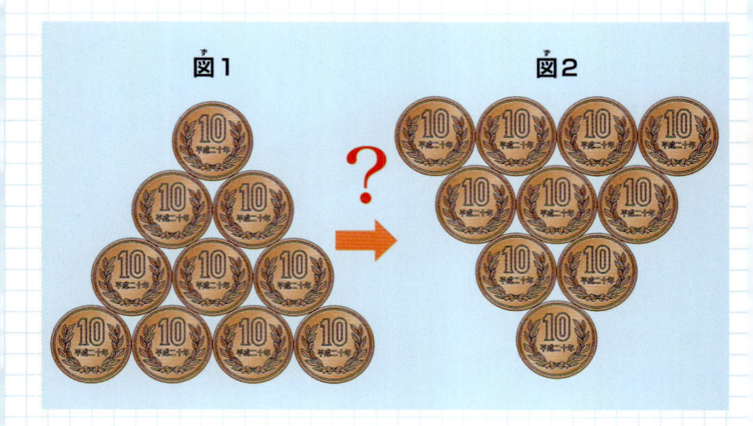

1 3個　**2** 4個　**3** 5個

クイズ27 何個の10円玉を動かせば形が変わる？②

テーブルの上に、8個の10円玉を図1のように右向きの矢印にしてならべました。何個かの10円玉を動かして、図2の左向きの矢印にするには、最少で何個の10円玉を動かせばよいでしょうか。

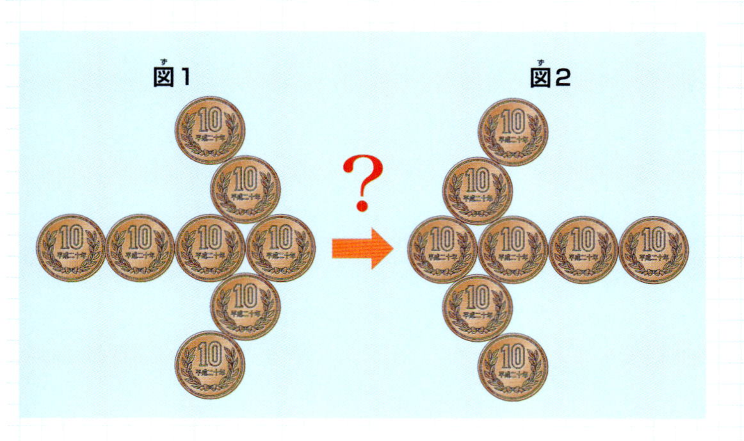

1 3個　**2** 4個　**3** 5個

クイズ26 答え 1 3個

2つの図を観察すると、黄色の六角形にかこまれた7個の10円玉は、動かす必要がないことがわかります。

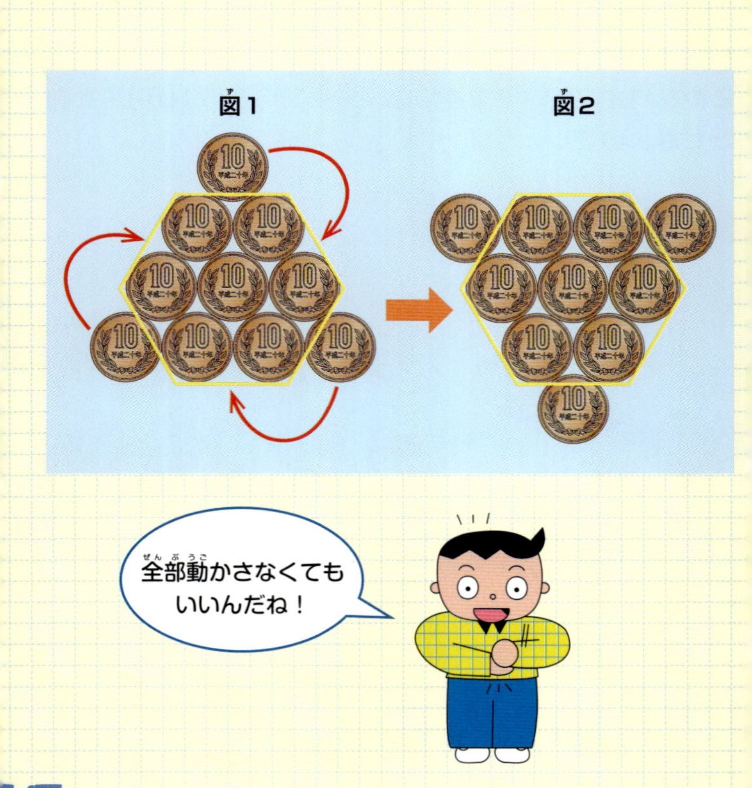

図1
図2
全部動かさなくてもいいんだね！

クイズ27 答え 1 3個

2つの図を黄色と青色でかきました。図1と図2を重ねてみると、図3の緑色の部分が、共通の位置にあることがわかります。動かすのは3個の10円玉で、黄色から青色の場所に移せばよいのです。

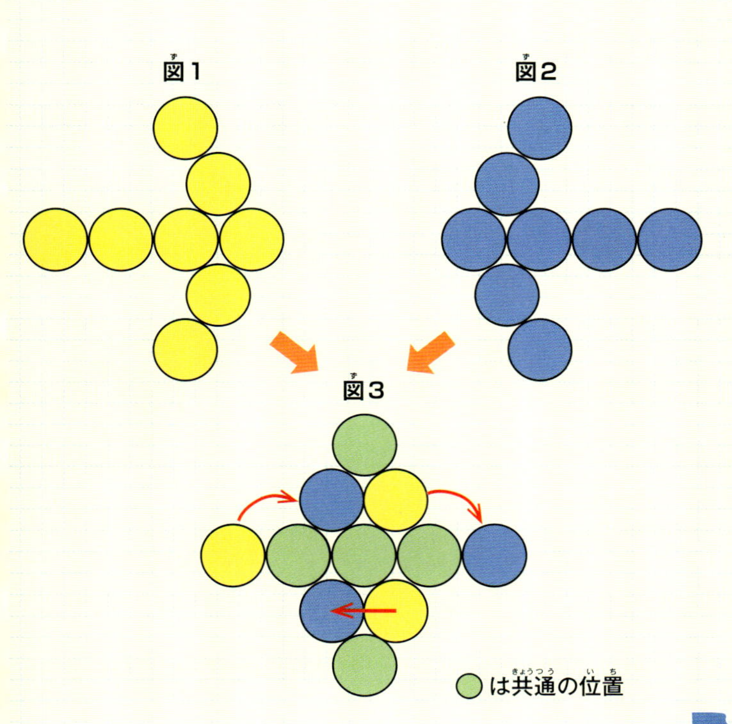

紙テープの星の両はしは同じ色になる？

表と裏で色がちがう紙テープで、図１のような星型を作ったとき、赤い矢印で示したのりづけ部分は、どんな色になるでしょうか。

図１

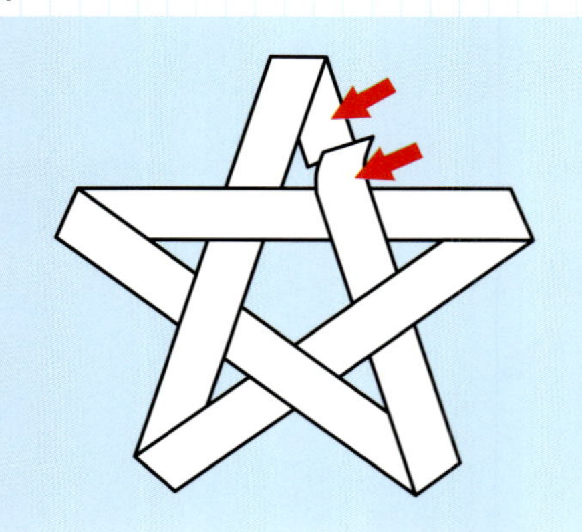

紙テープの片面に色をぬってみるとわかりやすいよ！

1 同じ色　**2** ちがう色

3 同じ色になることも、ちがう色になることもある

紙テープを折りたたんで見える模様は？

うすい紙テープを図１のように、文結びに結んでから、もう１回折りました。

紙テープの下からライトを当ててすかして見ると、模様が見えます。どんな模様でしょうか。

図１

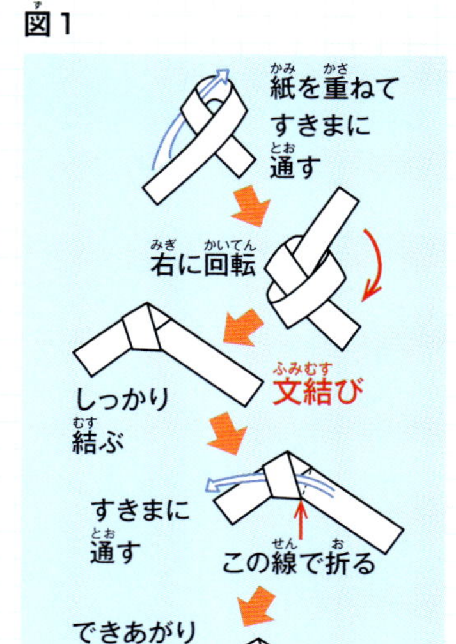

クイズ28 答え 2 ちがう色

表と裏で色のちがう紙テープを１回折ると、かならずちがう色が表にきます。したがって、紙テープを折った回数が偶数なら同じ色、奇数ならちがう色になります。クイズの星型では５回折られているので、ちがう色になります。

ちなみに、図１のような「文結び」は３回折られており、両はしは、やはりちがう色になります。

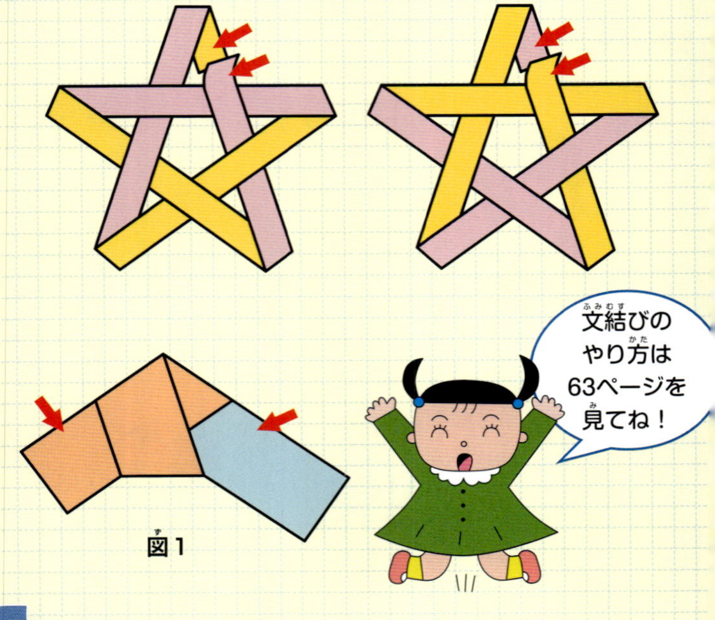

図１

五角形部分の紙テープは、図1のAからEの方向で重なっています。中央部は5枚、頂点部は4枚、辺部は3枚重なります。

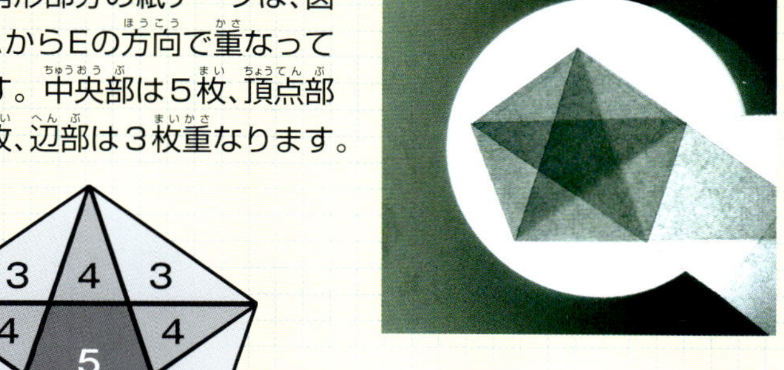

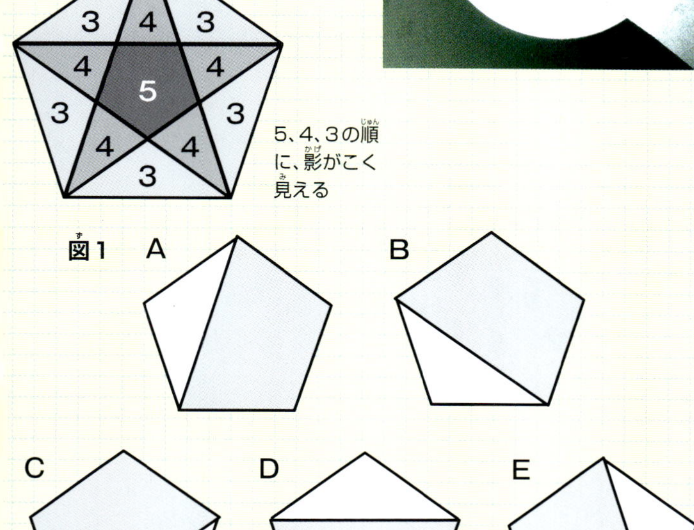

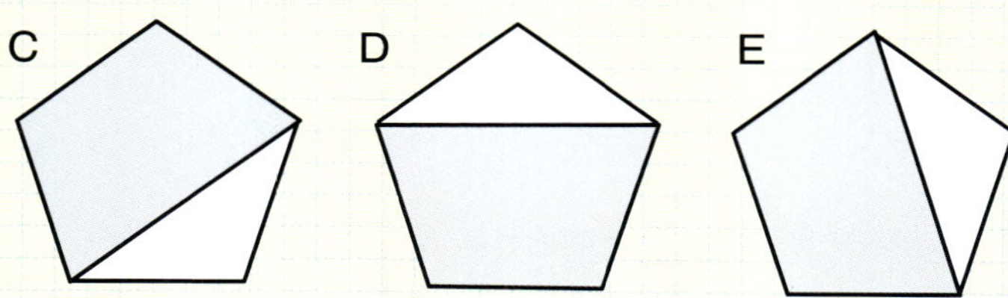

4個ならんださいころの下の面の目の合計は？

テーブルの上に、同じ目のつき方をした、4個のさいころがならんでいます。テーブルに接している下の面の目の合計は、いくつでしょうか。

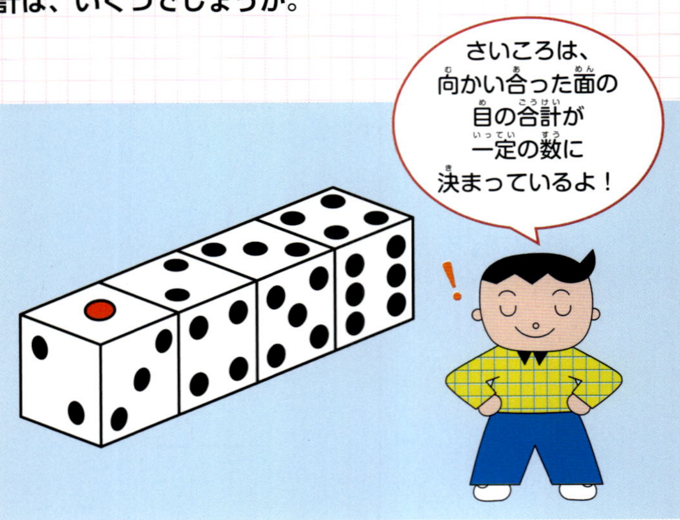
さいころは、
向かい合った面の
目の合計が
一定の数に
決まっているよ！

1 16　　2 18　　3 20

さいころを4回転がしたとき上の面の目は?

図1のようにスタートの位置にあるさいころを、すべらせることなく、AからDの順に4回転がしました。

さいころがゴールDの位置に来たとき、上の面の目は何でしょうか。

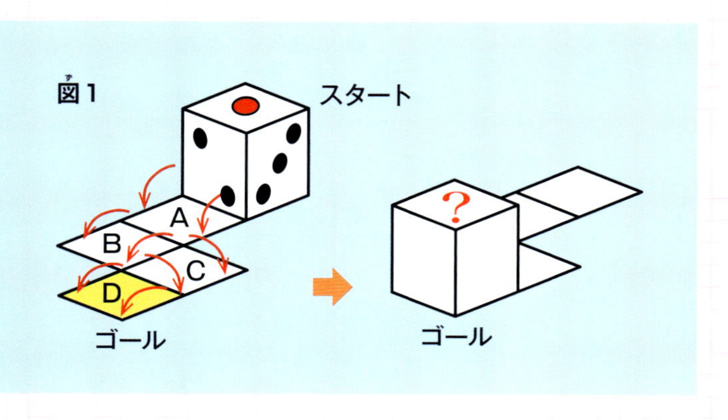

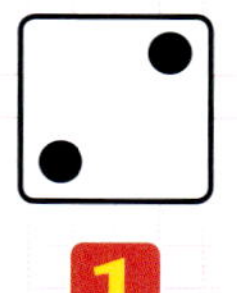

18

1から6の目のあるさいころの、向かい合った面の目の合計は、7になっています。

(1) それぞれのさいころの上の面を見れば、下の面がわかります。その目の合計を計算すれば、答えがでます。

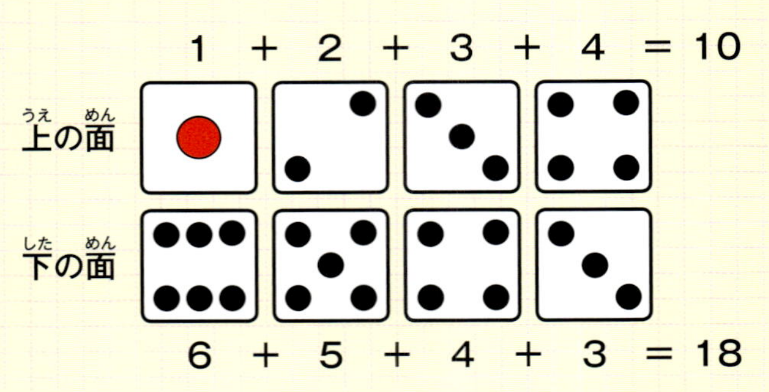

(2) 4個のさいころの上下の目の合計は4×7ですから、上の面の目の合計10を引いて、下の面の目の合計を知ることもできます。

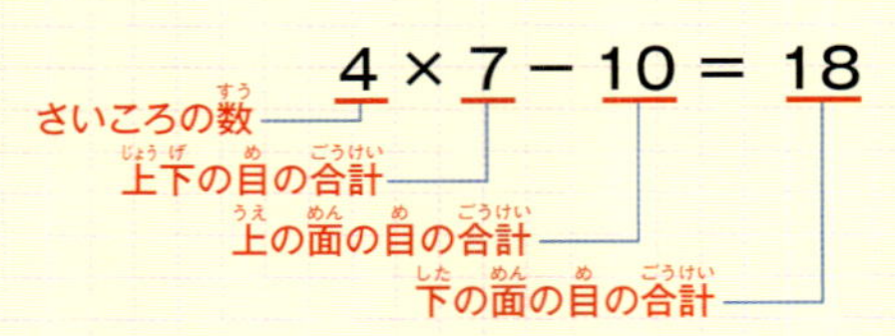

さいころの、見える目の裏が何の目か、しっかり考えましょう。AからDの順に転がすと、図のようになりますね。

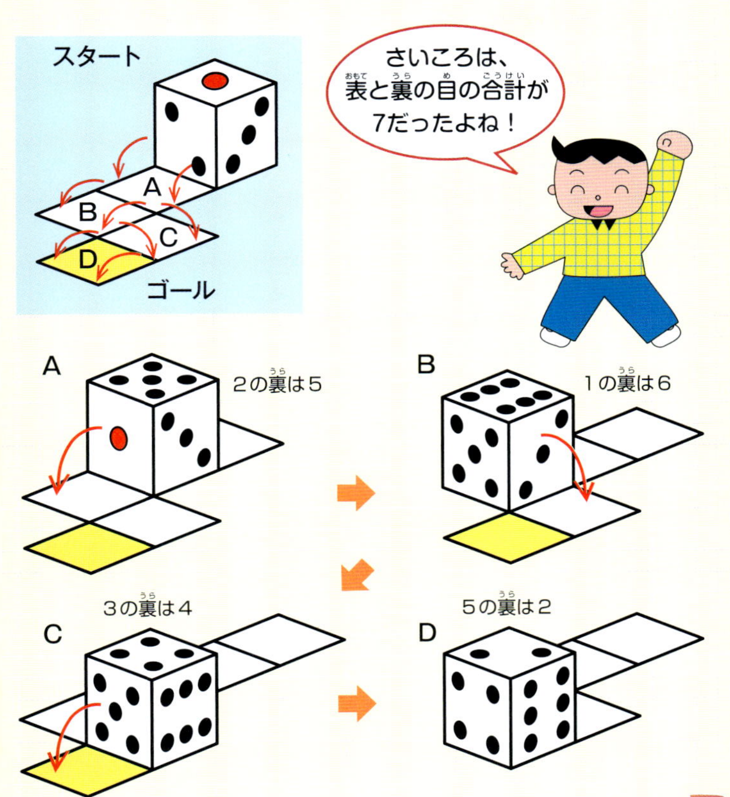

立方体を切り開いたときの正しい図は?

黄色の立方体に、青い円がえがかれています。この立方体を切り開いて平面にしたのが、下の展開図です。正しいのはどれでしょうか。

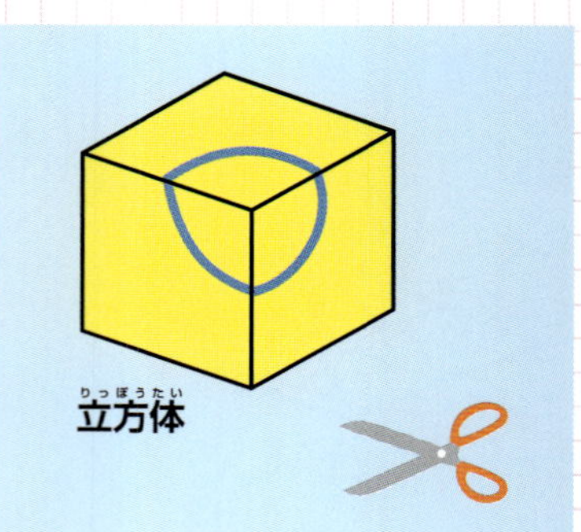

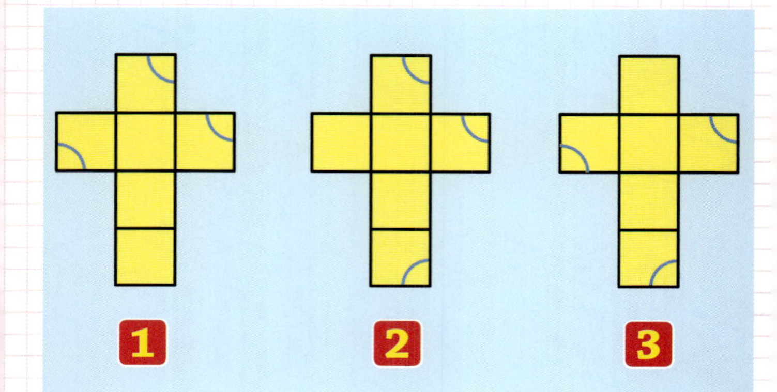

立方体をすっぽり包める紙はどれ？

A、B、Cのような形の紙があります。立方体を完全に包める形はどれでしょうか。紙はどこで折ってもよいとします。

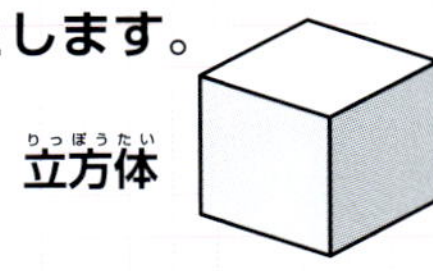

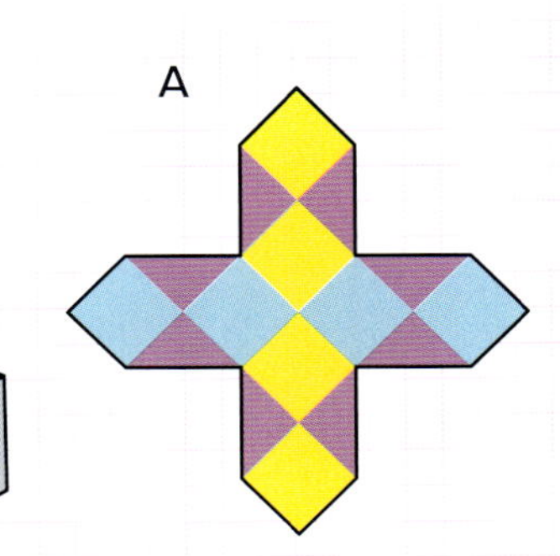

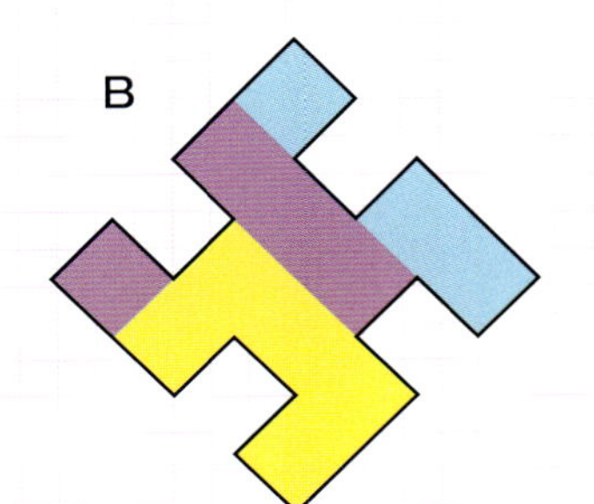

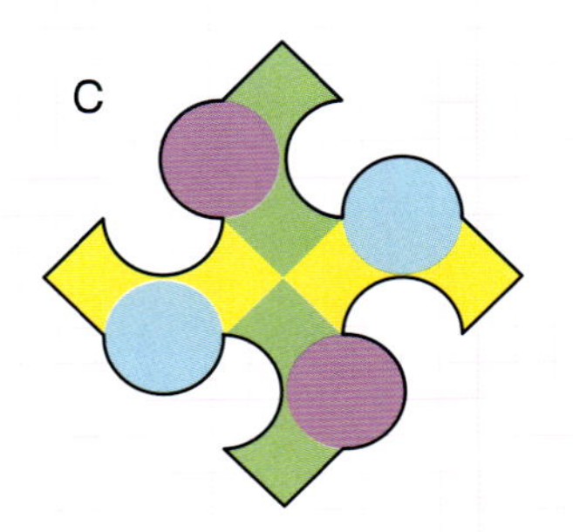

1 Aだけ　**2** AとB

3 A、B、Cの全部

クイズ32 答え 2

青い円の中央に、赤い点をつけました。赤い点は1か所に集まると考えればわかりやすくなります。青い線がつながらない部分に、×印をつけて考える方法もあります。

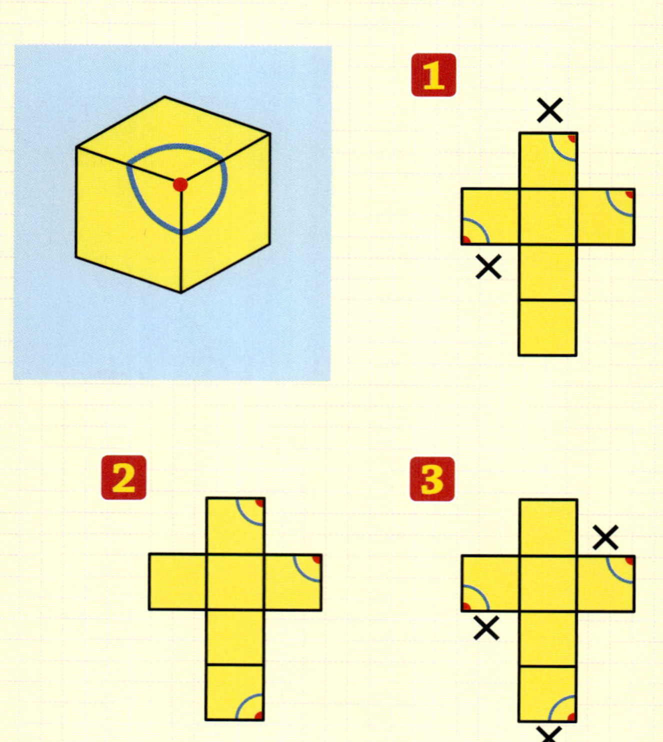

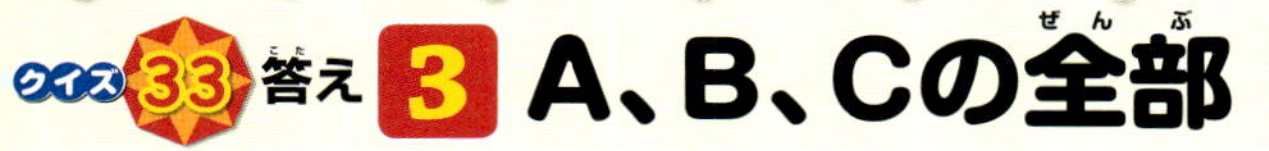

クイズ33 答え 3 A、B、Cの全部

A、B、Cの紙で立方体を包むと、次の図のようになります。

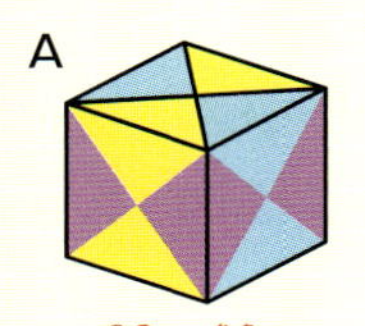

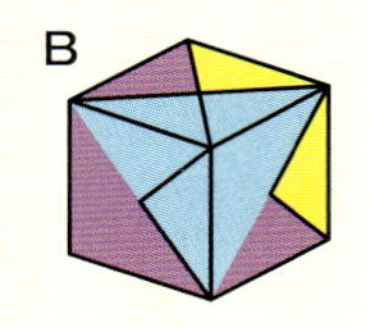

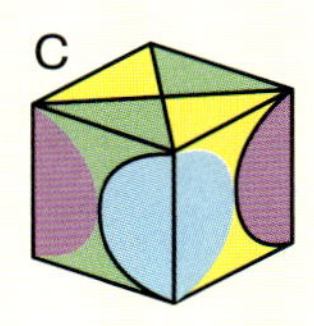

(1) Aの包み方

図のように紙の中心に立方体を置いて、側面を包むように折ります。上の面は、四方の直角二等辺三角形を折ってあわせると、立方体をすっぽり包むことができます。

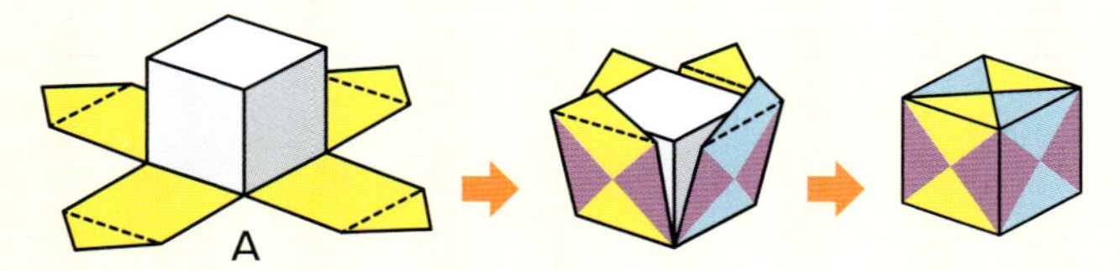

(2) BとCの包み方

BとCの形を調べてみると、Aの一部を変形したものです。基本的に、Aと同様の包み方ができます。

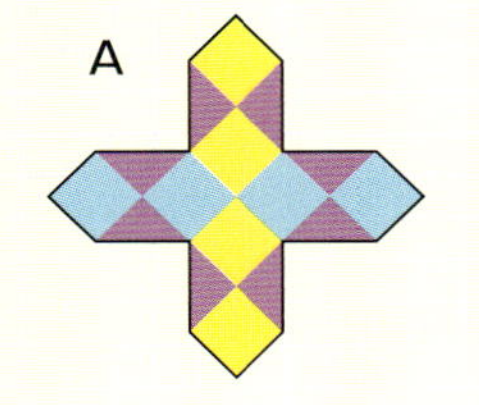

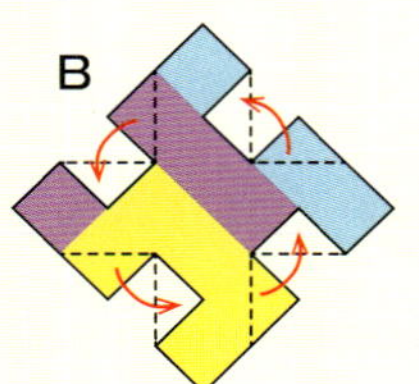

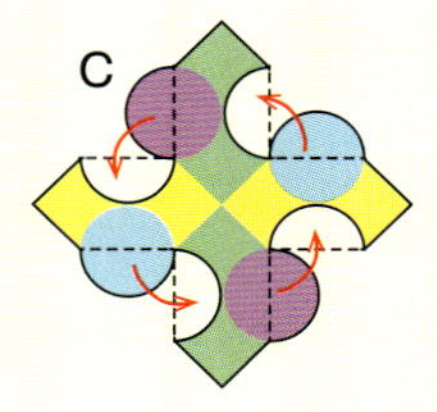

♥ハートと♣クラブのシールは何枚?

図1のようにハートとクラブのシールがはられた箱があります。3つの面は見えませんが、シールのはり方は同じです。

箱全体では、ハートとクラブのシールが何枚はられているでしょうか。

図1

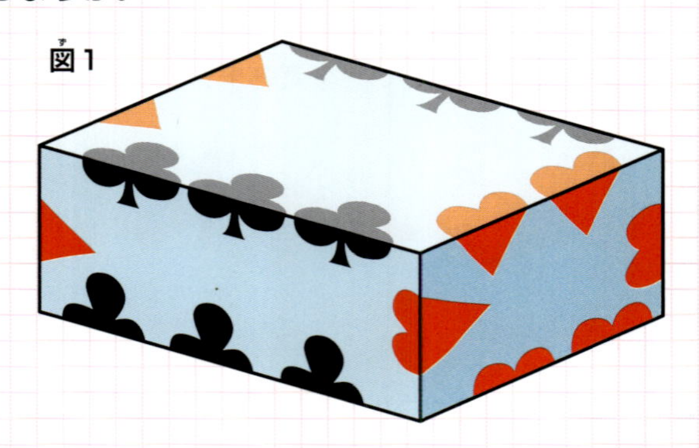

1 ♥が6枚、♣が6枚

2 ♥が12枚、♣が12枚

3 ♥が18枚、♣が18枚

5個の立方体でできない形はどれ？

5個の立方体の積木をぴったりならべて、図1のように、横の1面を接着テープではりました。バラバラにはなりませんが、図2のように、形を変えることができます。

次のうち、1つだけできない図形があります。それは、どれでしょうか。

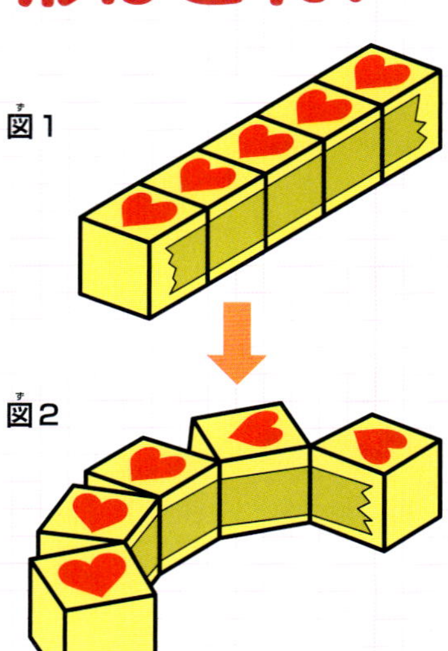

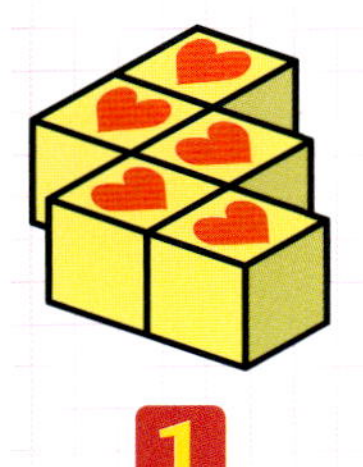

1

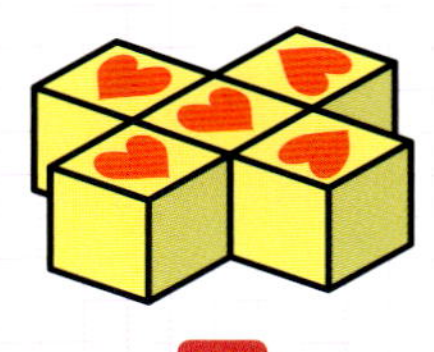

2

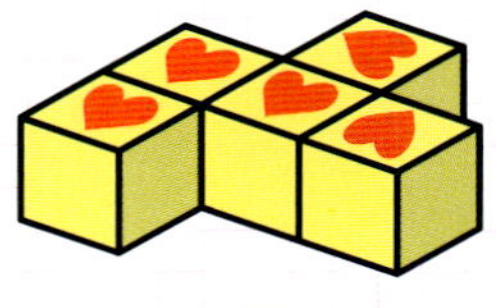

3

クイズ34 答え 2 ♥が12枚、♣が12枚

マークが半分しか見えない部分があることに注意しましょう。直方体の性質を利用して考えていきます。

(1)面に注目して数える

面に注目すると、大中小の3種類の大きさの面が2面ずつあります。それぞれの面のマークの数を2倍すると、シールの枚数がわかります。

	♥	♣
大	2	3
中	1	3
小	3	
合計	6	6

6×2=12

♥と♥で1枚、♣と♣で1枚だ！

(2)辺に注目して数える

辺に注目すると、大中小の3種類の長さの辺が4個ずつあります。それぞれの辺のマークの数を4倍すると、シールの枚数がわかります。

	♥	♣
大		3
中	2	
小	1	
合計	3	3

3×4=12

2と3は、下の図のように立方体を黒い点のまわりで動かせば、作ることができます。

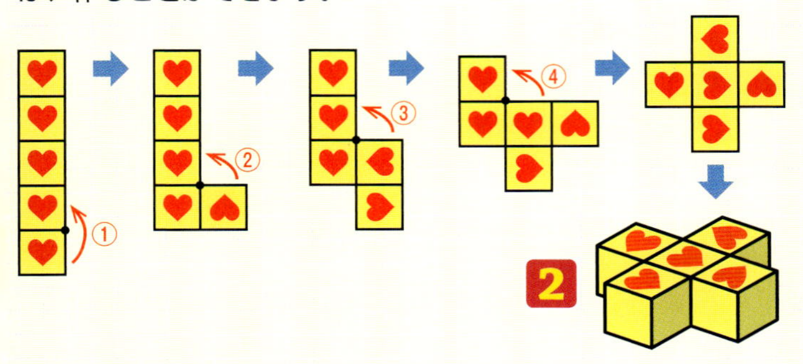

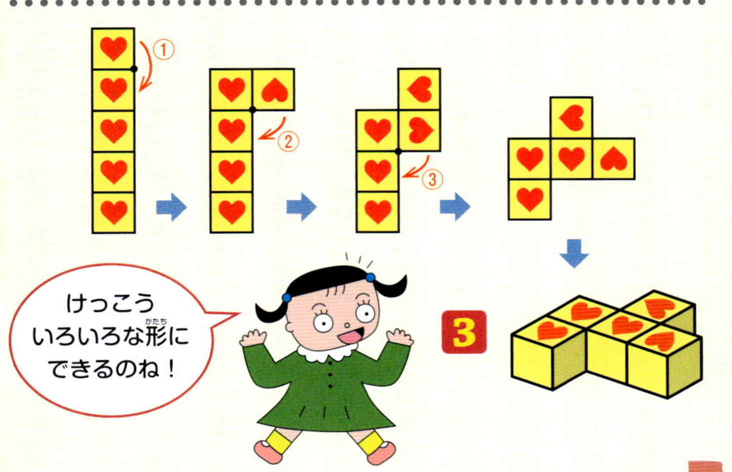

①
②
③
3
けっこう
いろいろな形に
できるのね！

立方体の積木はいくつ積んである？

3×3のマスに、立方体の積木が積んであります。全部でいくつあるでしょうか。

積木は空中にうかぶことはできません。下の例の場合、積木の数は4個です。

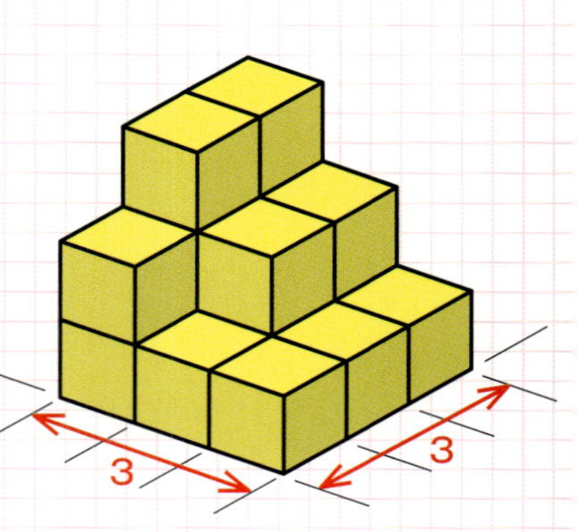

例

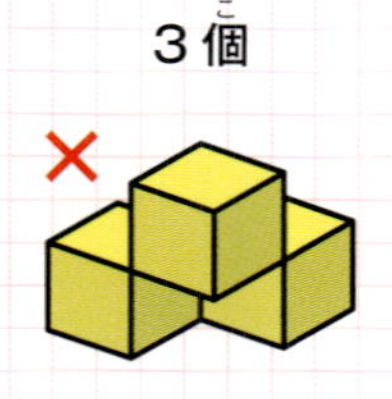

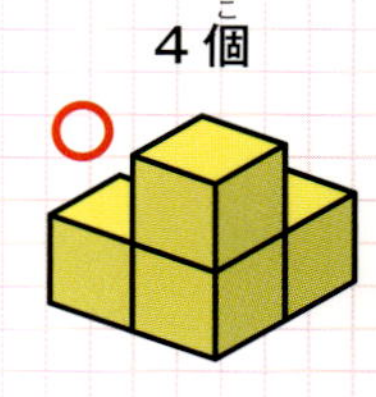

空中にうかぶことはできない

1 10個　2 16個　3 20個

前後左右から見える面積が大きいのはどっち?

立方体の積木を重ねた立体図形ＡとＢがあります。前後左右の４つの方向から見える部分の面積は、どちらが大きいでしょうか。

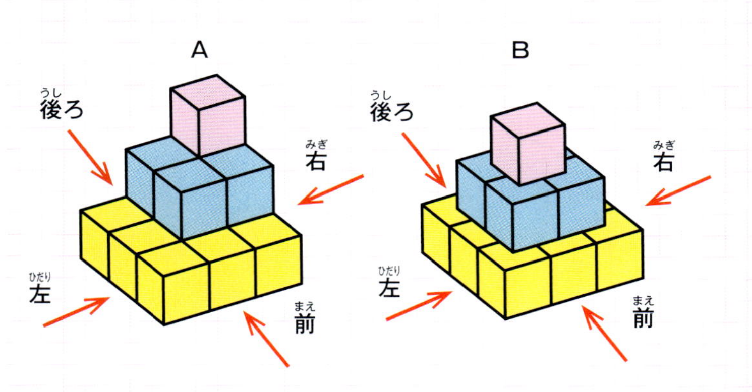

1 **Aの方が大きい**

2 **Bの方が大きい**

3 **AもBも同じ**

クイズ36 答え 2 16個

上・中・下の3つの部分に分けて考えると、正しく数えられます。左・中・右、前・中・後ろなどでもいいでしょう。

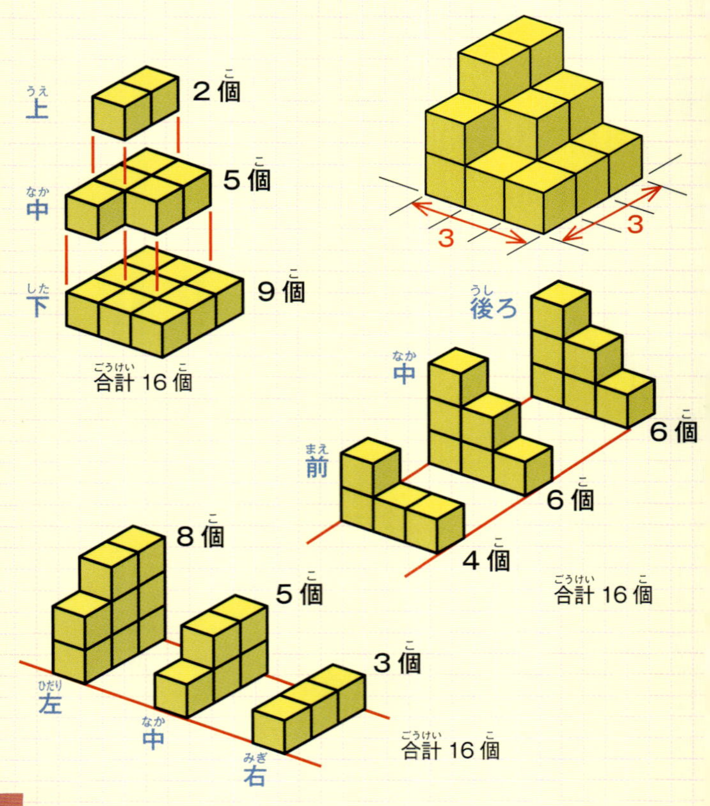

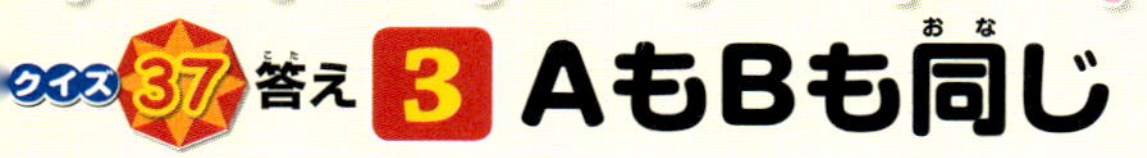

積まれた形はちがいますが、A、B２つの立体図形は、前後左右どこから見ても、見える面積の大きさは同じです。

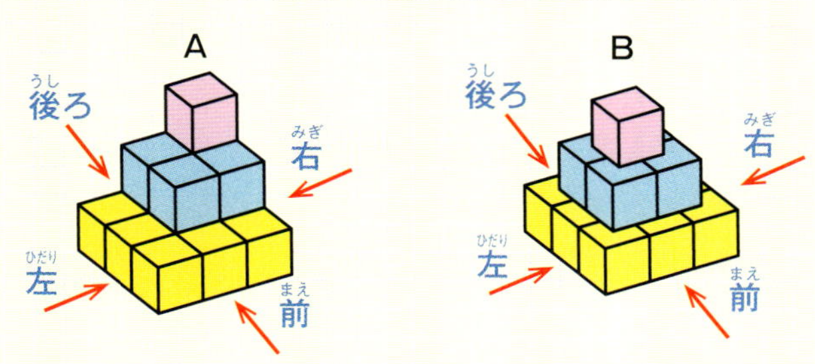

	A	B
前から見ると		
後ろから見ると		
左から見ると		
右から見ると		

どこから見てもボールは4個。本当は何個？

中が４つに分かれた、とうめいなケースがあります。これを２段に重ねて、どこから見ても４個のボールが見えるようにボールを入れます。最少で何個のボールがあれば、このような見え方ができるでしょうか。

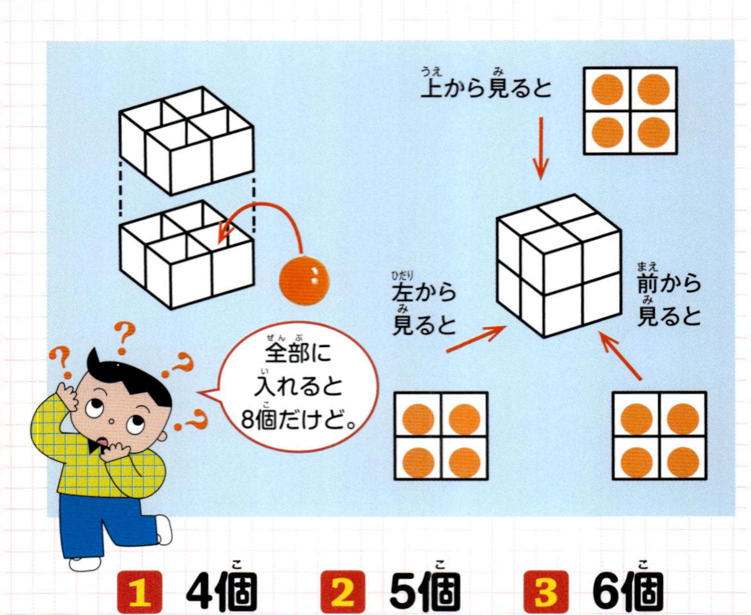

全部に入れると8個だけど。

1 4個　**2** 5個　**3** 6個

クイズ39 ケースに残ったチョコレートは何個？

３段に重ねられる、中が９つに分かれたとうめいなケースに入った、チョコレートをもらいました。何個か食べて残ったチョコを、３つの方向から見ると、下の図のように見えました。チョコは何個残っているでしょうか。

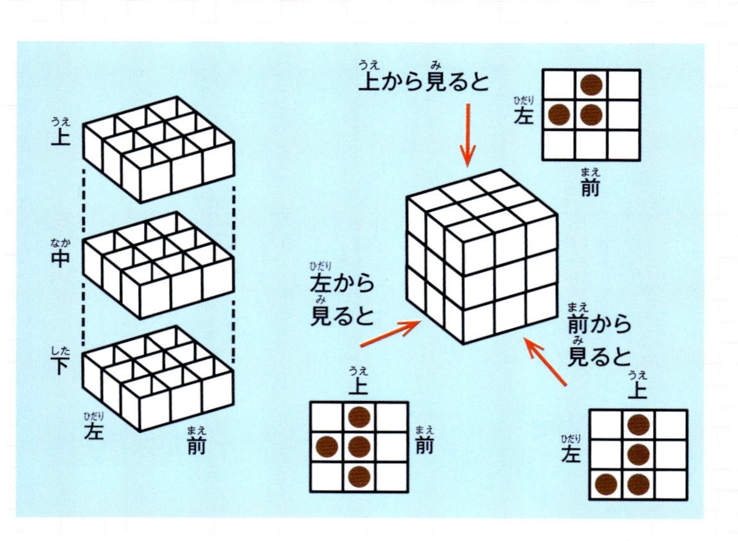

1 4個

2 5個

3 11個

クイズ38 答え 1 4個

ボールは図のように入れます。4個のボールをちがう色で表すと、3つの方向からの見え方は図のようになります。

クイズ39 答え 2 5個

チョコのある場所を決めようとすると大変ですが、チョコがないとはっきりわかる所をぬりつぶしていくと、わかりやすくなります。

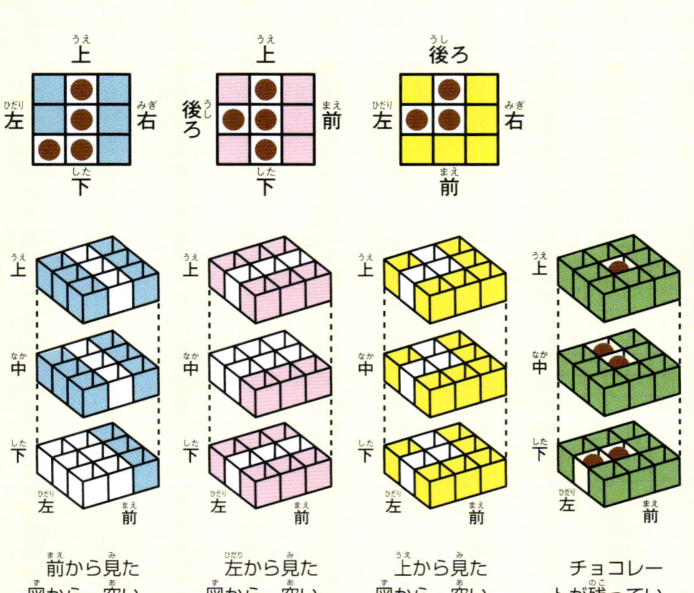

前から見た図から、空いているはずの場所（青色）

左から見た図から、空いているはずの場所（赤色）

上から見た図から、空いているはずの場所（黄色）

チョコレートが残っている場所

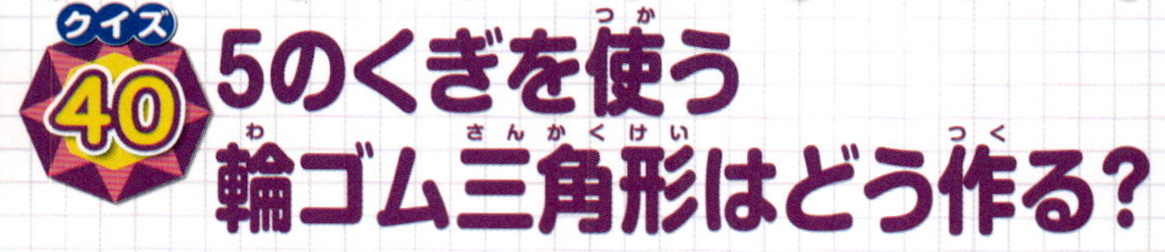

クイズ40 5のくぎを使う輪ゴム三角形はどう作る？

色のちがうくぎ3本を選び、輪ゴムで三角形を作り、その数字の合計を得点とするゲームをします。図1の場合、1と3と7のくぎで輪ゴム三角形ができているので、合計の11が、この三角形の得点になります。

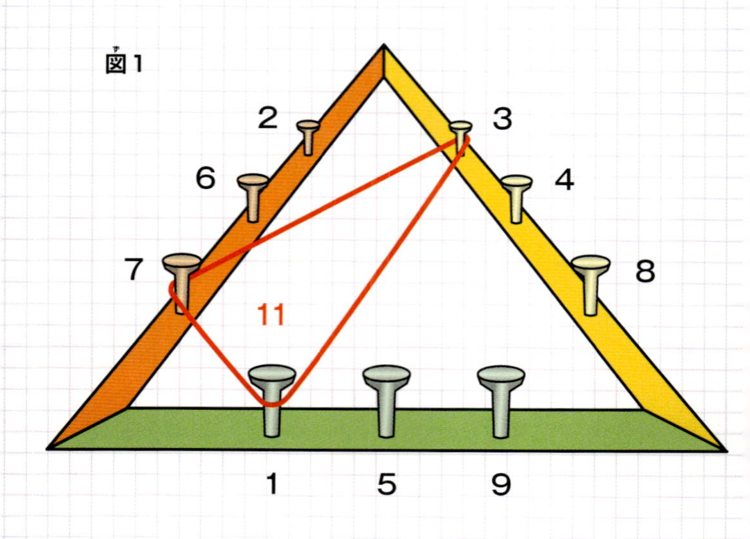

次に、9本のくぎ全部を使い、色のちがう輪ゴム3本で同じ得点になるように、3つの三角形を作ります。このとき、5のくぎを使う輪ゴム三角形の、ほかの2本のくぎの数字はどれでしょうか。

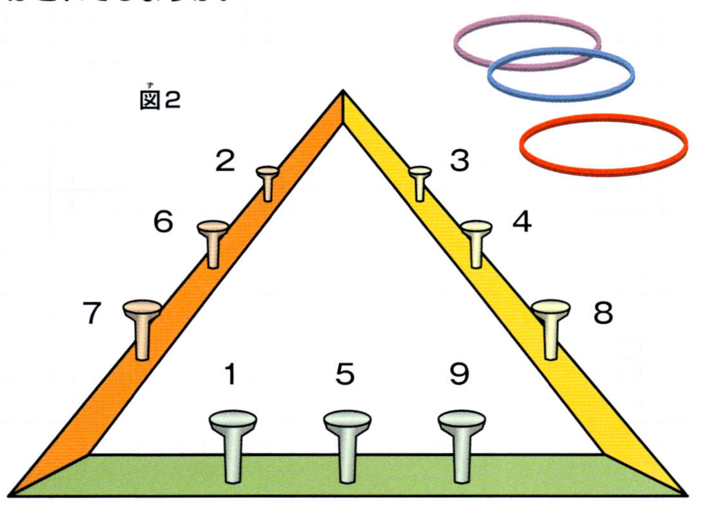

1 3と7

2 2と8

3 4と6

クイズ40 答え 1 3と7

このクイズではまず、3つの三角形が同じ得点になるのはいくつなのかを考えます。

(1) 9本のくぎを、3つのグループに分けていることに注目します。

(2) 全部の数の合計は
(1＋2＋3＋4＋5＋6＋7＋8＋9)＝45です。
1つの輪ゴム三角形の得点は、45÷3＝15で15点になります。

(3) 9のくぎを使う三角形を考えます。あと2本のくぎの合計は15－9＝6ですが、たして6になる2つの数は、(1と5)、(2と4)しかありません。(1と5)では三角形にならないので、あと2本のくぎは(2と4)です。

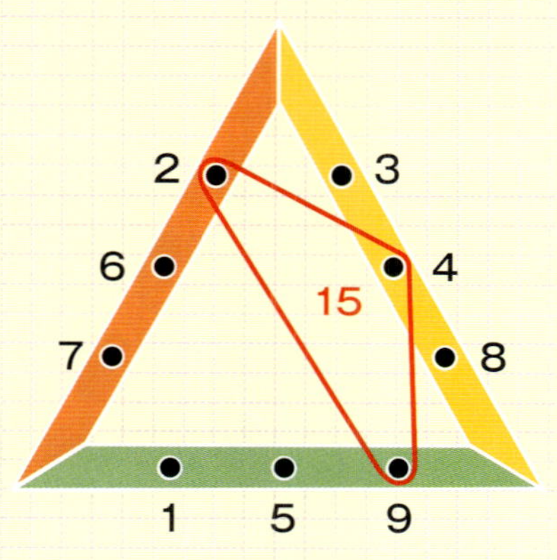

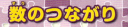

(4) 次に、1のくぎを使う三角形を考えます。あと2本のくぎの合計は、15－1＝14です。たして14になる2つの数は、(6と8)、(5と9)しかありません。5と9のくぎは同じグループなので、あと2本のくぎは(6と8)です。

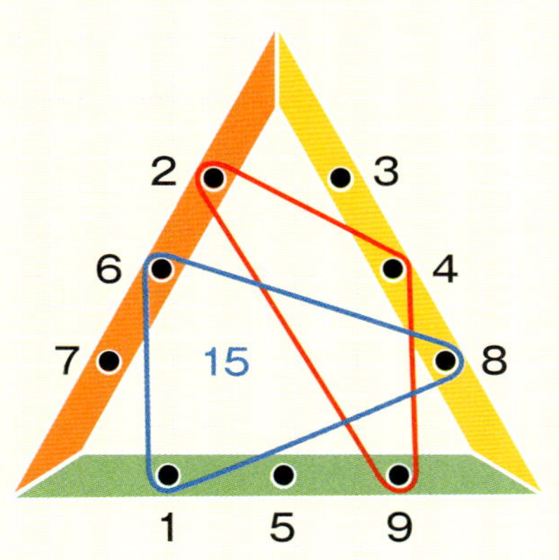

(5) 残ったくぎは、(3と5と7) の組です。この合計は15になるので、得点が15になる組が、3つ見つかりました。

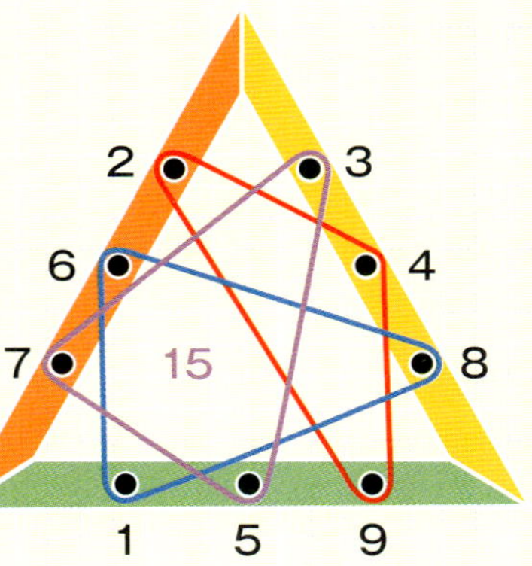

正三角形の角に入る数の合計はいくつ？

図のAからEに、正三角形の角にある3つの数の合計がどこも15になるように、1から5の数を入れて数のならびを完成させます。このとき、AとBに入る2つの数の合計はいくつでしょうか。

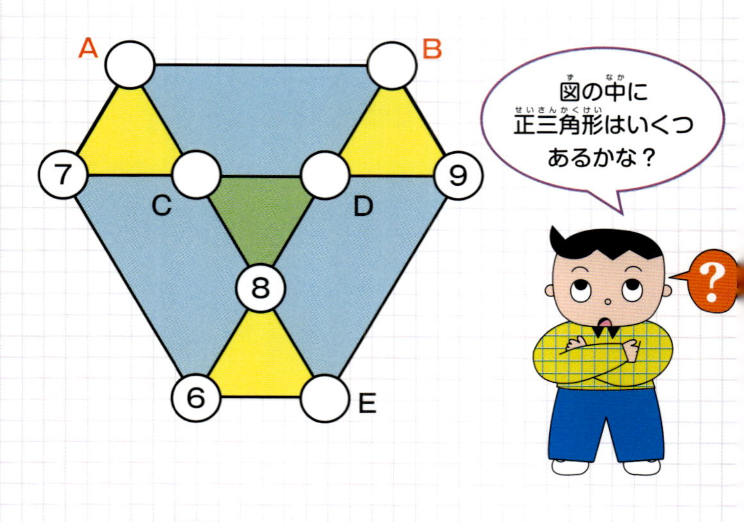

1 7　2 8　3 9

三角形の頂点に入る数の合計はいくつ？

青と黄色の三角形でできた図形（図１）があります。青い三角形には、まわりの黄色い三角形３個の数の合計が入ります。

同じようにして、図２のＡからＥに２から６までの数を入れたとき、A、B、Cの合計はいくつでしょうか。

図１

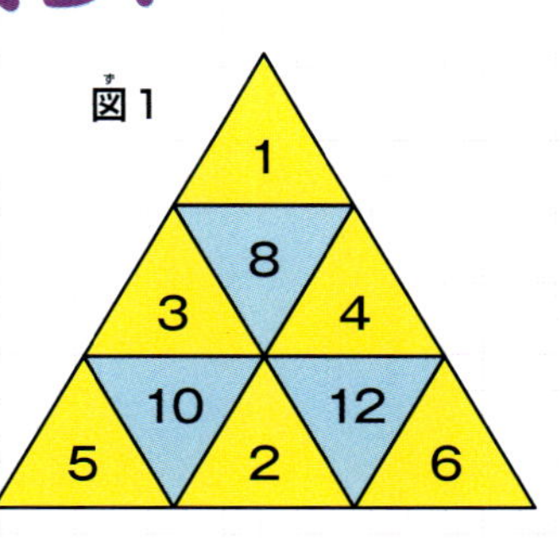

青の数は、まわりの3個の黄色の数の合計だよ！

図２

A
8
D
1
10
12
B
E
C

1 10　**2** 11　**3** 12

クイズ41 答え 1 7

正三角形をいくつ見つけましたか？　黄色の正三角形３個、緑色の正三角形１個のほかに、青と緑を重ねた正三角形３個を見つけないと苦労します。

こんなふうにすると早く解けます。３つの数の合計が15になることがポイントです。

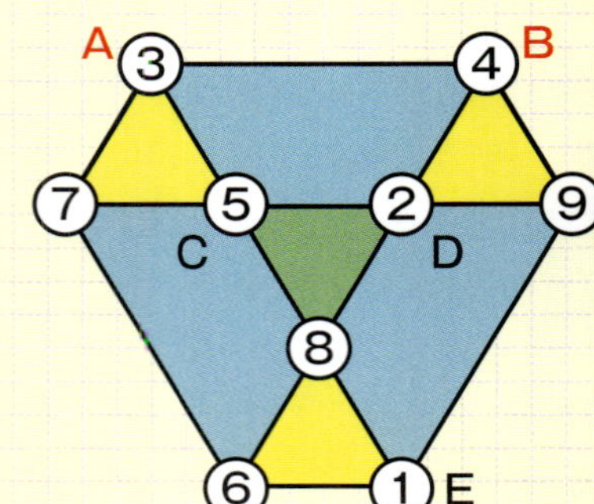

(1) 下部の黄色の三角形

(8＋6＋E)＝15　から　E＝1

(2) 右側の青と緑の三角形

(1＋9＋C)＝15　から　C＝5

(3) 中央の緑の三角形

(5＋8＋D)＝15　から　D＝2

(4) 右上の黄色の三角形

(2＋9＋B)＝15　から　B＝4

(5) 中央上の青と緑の三角形

(4＋8＋A)＝15　から　A＝3

よって、**(A＋B)＝(3＋4)＝7**です。

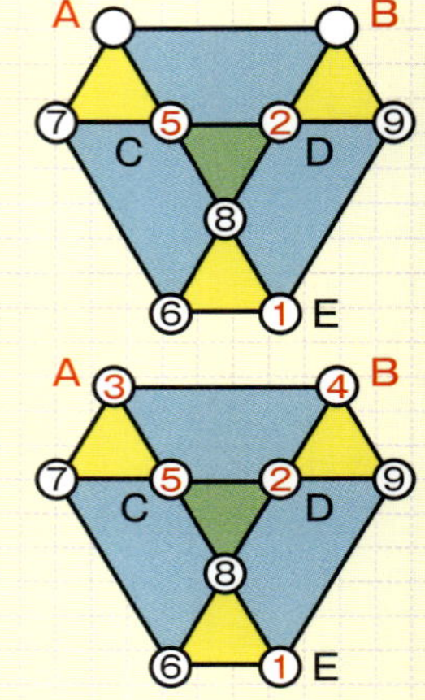

最初に、EとCの数を予想してみましょう。

(1) (1＋E＋C)＝12ですから、(E＋C)＝11です。2から6までの数で、合計が11になるのは(5＋6)だけです。

(2) (A＋D)＝7ですが、1も5も6もすでに使われているので(3＋4)です。

(3) Bに入るのは、まだ使われていない数2です。

(4) (D＋E)＝8です。3、4、5、6のうち、合計が8になるのは(3＋5)だけです。

こうして、2から6の数が入る場所が決まり、**(A＋B＋C)＝(4＋2＋6)＝12**になります。

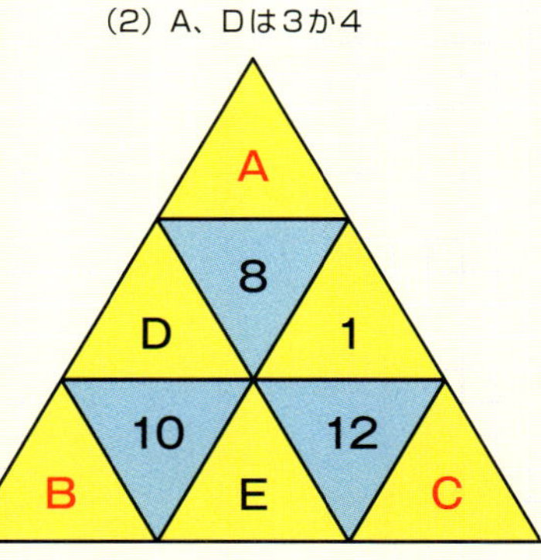

(2) A、Dは3か4

(3) Bは2　　(1) E、Cは5か6

(4) Dは3

(4) Eは5

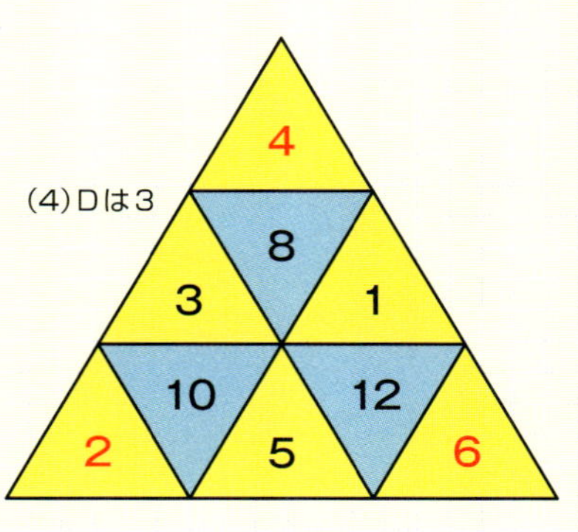

直線上と円周上の合計を同じにするには?

1から12の数を1回ずつ使って、○の中にかきます。このとき、6本の黒い直線上にある4つの数の合計、3つの赤い円周上にある3つまたは6つの数の合計が、どこも同じになります。では、Dに入る数はどれでしょうか。

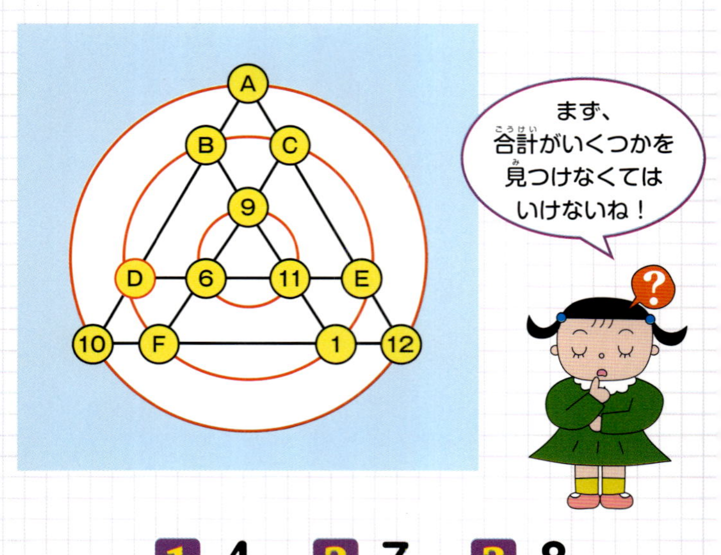

1 4　2 7　3 8

縦横ななめの合計を150円にするには？

図1の空いているマスのどこかに、50円玉と100円玉をもう2枚ずつ置いて、縦、横、ななめの合計がどこも150円になるようにします。?のマスには何が入るでしょうか。

図1

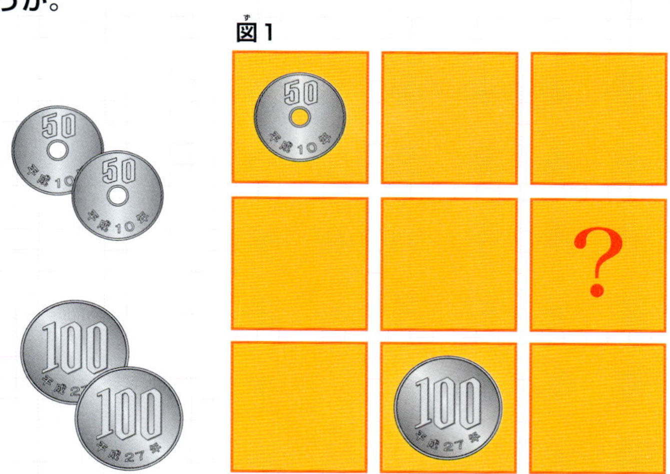

1 100円玉　**2** 50円玉

3 どちらも入らない

クイズ43 答え 2 7

まず、合計の数を求めましょう。

(1) 直線上の数の合計、円周上の数の合計はいくつでしょう。内側の円周上から(9＋6＋11)＝26とわかります。

(2) 外側の円周上の3つの数の合計（A＋10＋12)＝26 から A＝4

(3) Bと1を結ぶ直線上の4つの数の合計(B＋9＋11＋1)＝26 から B＝5

(4) AとBの数がわかったので、Aと10を結ぶ直線上の4つの数の合計(4＋5＋D＋10)＝26から **D＝7**

このように次つぎと、○の中に入る数が決まります。

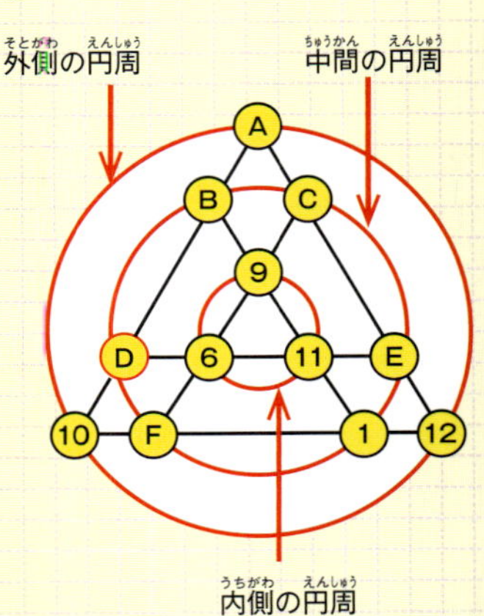

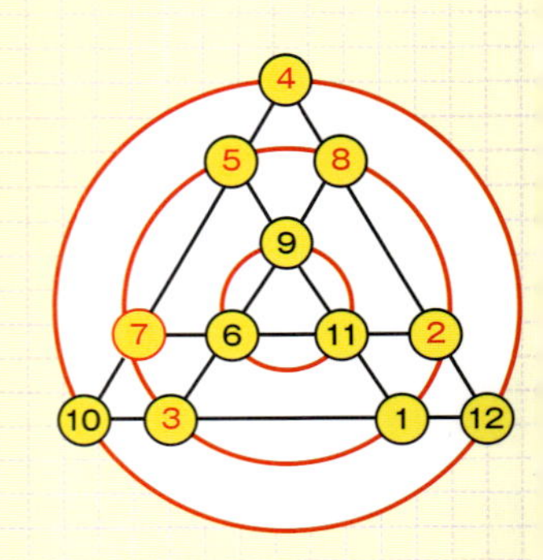

クイズ44 答え 3 どちらも入らない

最初に、縦、横、ななめの線が交差する中央のマスを考えるのがポイントです。下のマスに100円があるので、中央のマスに100円は置けません。

したがって、次の(1)、(2)の場合が考えられます。縦、横、ななめの合計がどれも150円になるのは(2)で、そのとき、？のマスには何も入りません。

同じ列に
100円玉2枚は
置けないよ！

(1)中央のマスが空白の場合

50		
	0	
	100	

→

50	50	
	0	
	100	

→

50	50	50
	0	
	100	

→

50	50	50
	0	?
	100	100

失敗

(2)中央のマスが50円の場合

50		
	50	
	100	

→

50		
	50	
	100	50

→

50		
100	50	
	100	50

→

50		100
100	50	?
	100	50

成功

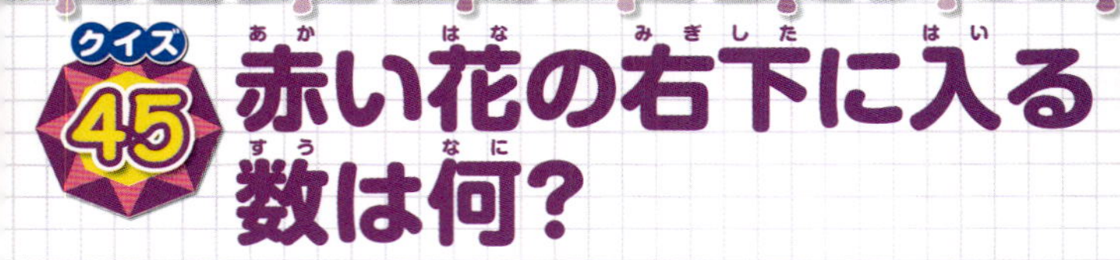

クイズ45 赤い花の右下に入る数は何？

図１の青い花には、１から１０までの数が１個ずつかかれています。１枚の花びらにある３つの数の合計は、どれも１７です。

図２の赤い花にも、花びらの数の合計がどれも同じになるように、１から５までの数を○に入れます。このとき、矢印の○に入る数はいくつでしょうか。

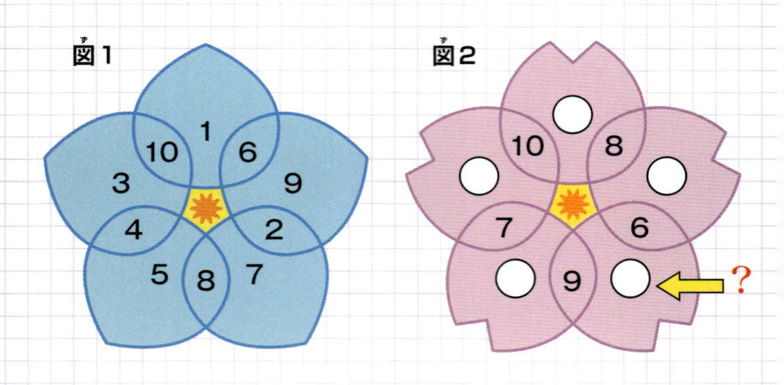

1 3　**2** 4　**3** 5

矢印の正方形に入る数は何?

○と□が配置された図形があります。□には、両側の数の合計が入ります。図1は○と□が全部で6個あり、1から6までの数が使われています。

図2の○と□の中を、1から8までの数を1回ずつ使って完成させたとき、矢印の□に入る数はいくつでしょうか。

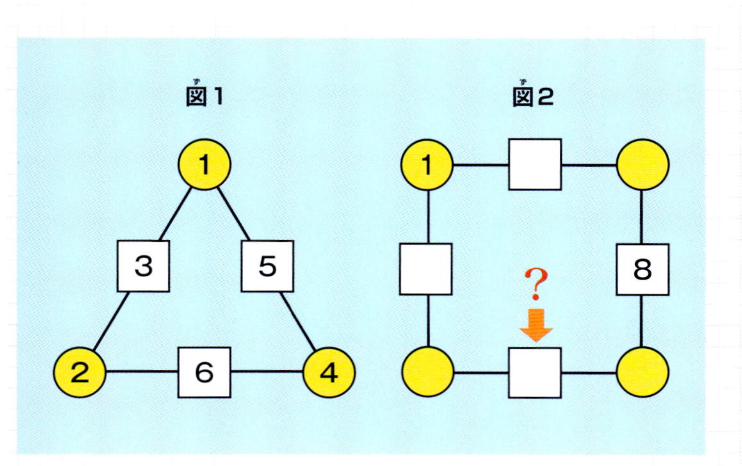

1 5　**2** 6　**3** 7

クイズ45 答え 2 4

まず、1枚の花びらにある2つの数の合計を求めて、花びらの外側にかきます。

次に、どの花びらも3つの数の合計を同じにするには、大きな数の花びらには小さな数を、小さな数の花びらには大きな数を入れなくてはなりません。こうすると、1枚の花びらの3つの数の合計は、どこも19になります。

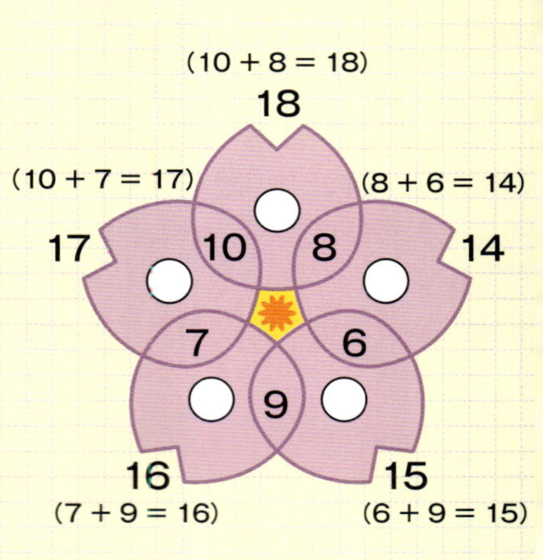

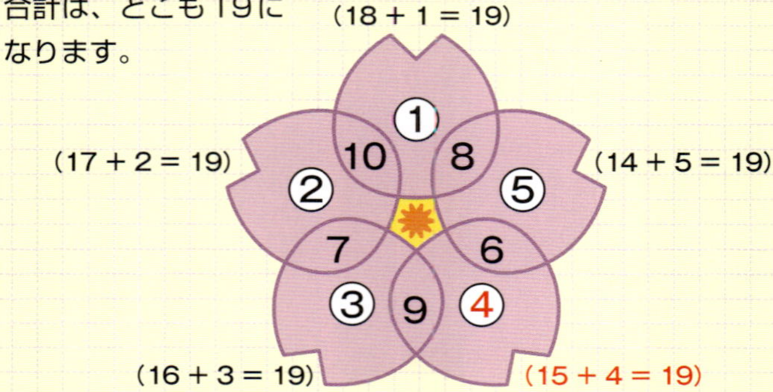

5

下のように○と□に入る数を考えていきます。

(1) 1＋1はできないので、2は□には入らず○に入ります。すると、2の入る場所は、次のAかBかCになります。

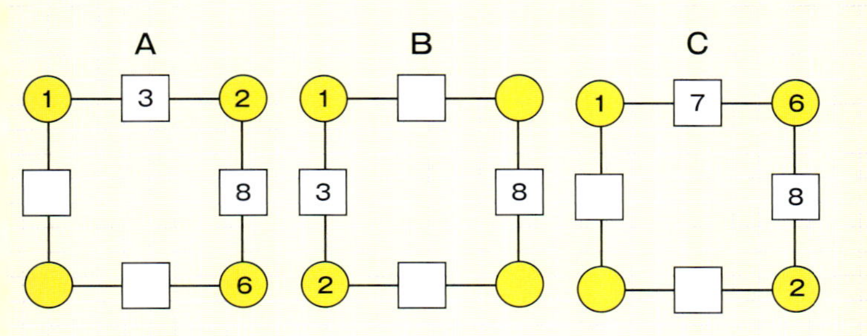

(2) 次に4の入る場所を考えます。AとBは、○と□のどこに4を入れてもおかしくなります。

(3) Cの場合は、残りの○や□に3、4、5がうまく入ります。

よって、矢印の□に入るのは5だとわかります。

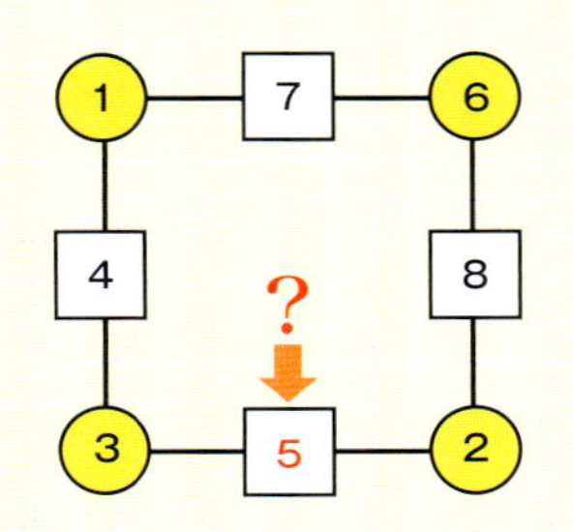

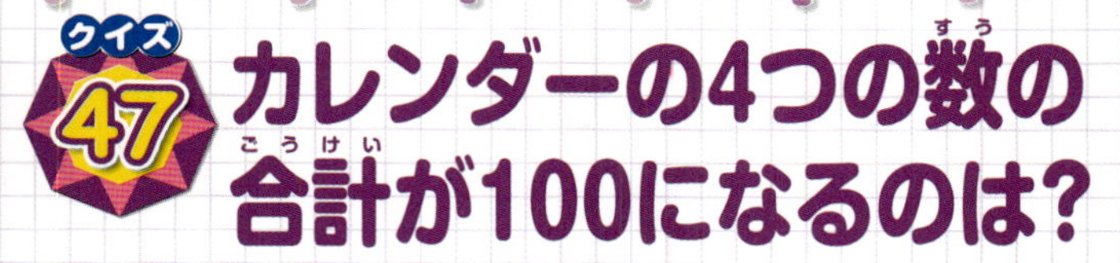

カレンダーの4つの数の合計が100になるのは?

カレンダーから、田の字の形になる４つの数を取り出して、その合計を求めます。例えば、図の黄緑色部分の合計は、1＋2＋8＋9＝20です。

日	月	火	水	木	金	土
					1	2
3	4	5	6	7	8	9
10	11	12	13	14	15	16
17	18	19	20	21	22	23
24	25	26	27	28	29	30

同じように、田の字の形に選ぶと、4つの数の合計がぴったり100になる部分があります。
それは、次のうちどこでしょうか。

数字を縦横だけではなく、ななめにも見てごらん！

カレンダーの田の字の形にならぶ数は、ななめの2つの数をたすと、どちらも同じ数になります。

4つの数の合計が100の場合、ななめにならぶ2つの数の合計が50になります。このようになるのは2のときだけで、たしかに21＋22＋28＋29＝100になります。

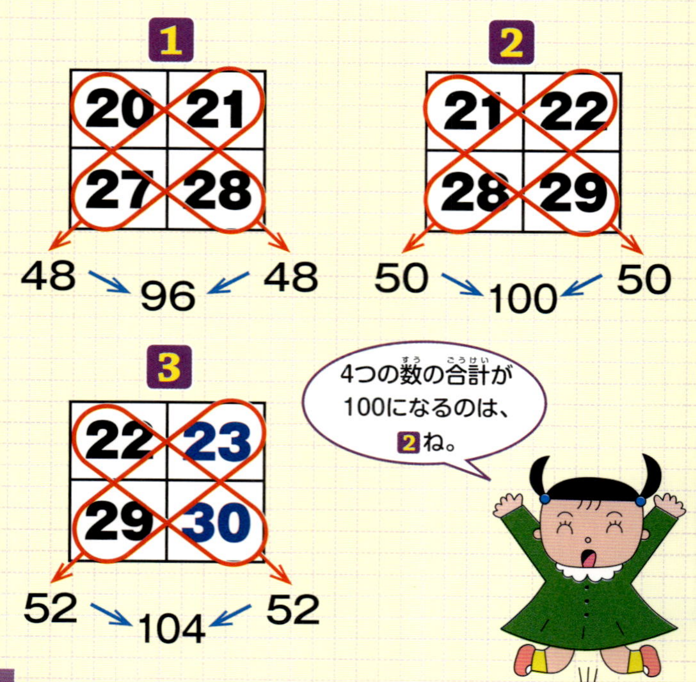

こんな考え方もできます。

カレンダーの数は右に行くと１ずつ増え、下に行くと７ずつ増えるという性質に注目します。すると、左上の数がわかれば、４つの数の合計が右下のような計算で求められます。

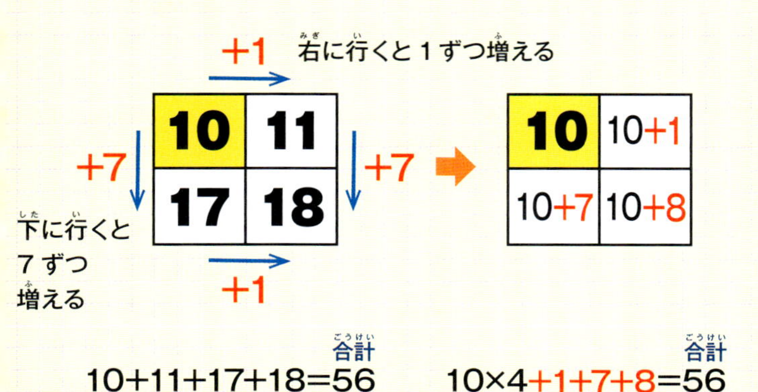

合計
10+11+17+18=56

合計
10×4+1+7+8=56

2

21	21 +1
21 +7	21 +8

1+7+8=16 だから、
左上の数がわかれば合計は

合計
21×4+16= 100

と計算できます。

規則正しくならんだ数字。右下には何が入る?

図1の数字は、ある決まりにしたがって、規則正しくならんでいます。右下の青いマスの?には、どんな数字が入るでしょうか。

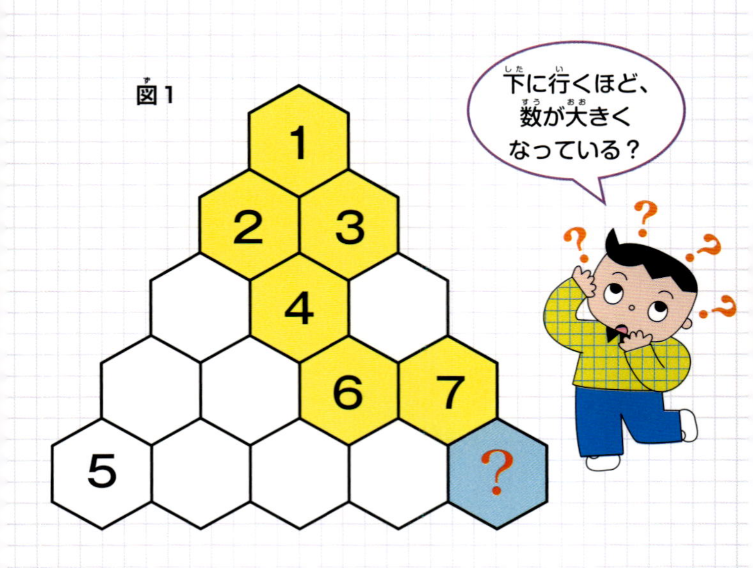

1 7　2 8　3 9

クイズ 49

1円玉を10段に積むといくらになるかな？

1円玉を図1のように、全体が三角形になるようにならべます。4段のときは10円分の1円玉を使っています。10段にならべるときは、何円分の1円玉が必要でしょうか。

図1

1段増えるごとに、1円玉は何枚増えているかな？
平成二十一年

1 45円　**2** 55円　**3** 67円

クイズ48 答え 3 9

あるマスの、左下のマスには１をたした数、右下のマスには２をたした数が入るという決まりになっています。上から順番に考えるといいですね。

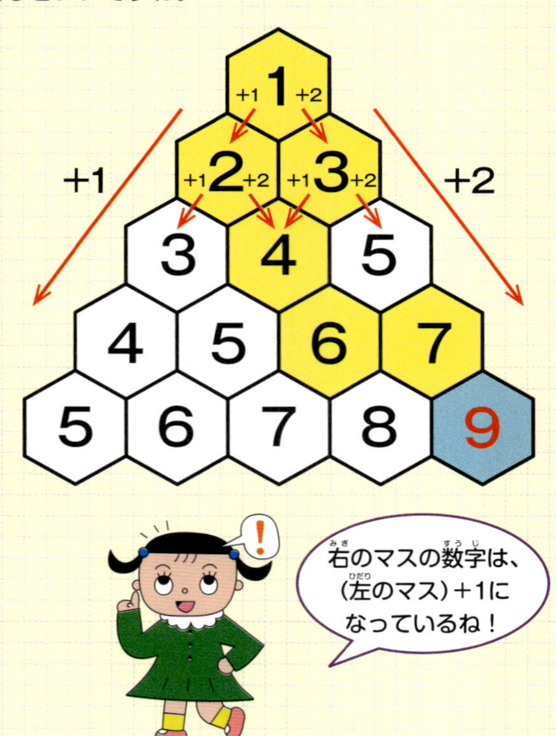

クイズ49 答え 2 55円

実際に1円玉をならべて数えなくても、答えがわかる方法があります。段が増えるごとに1円玉がどれだけ増えるかの決まりを考えてみましょう。

上から1段、2段、……とよぶことにします。

1段：1＝1
2段：1＋2＝3
3段：1＋2＋3＝6
4段：1＋2＋3＋4＝10
5段：1＋2＋3＋4＋5＝15

すると10段では、1から10までの数の合計になります。

これをかんたんに計算する方法もあります。

1から10までを順番にかいて、2つの数の合計が11になる数を線で結ぶと、5組あることがわかります。

このことから、11×5＝55が答えになります。

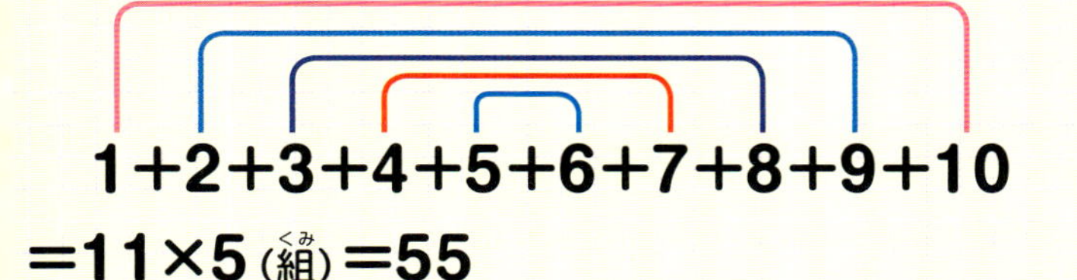

1+2+3+4+5+6+7+8+9+10

＝11×5（組）＝55

7段の表彰台を作るにはブロックは何個必要？

立方体のブロックを使って、7段の表彰台を作りました。この表彰台は、いちばん上の段はブロック1個、2番目の段は3個と、1段下がるごとにブロックが2個増える形になっています。では、7段のときは全部でいくつのブロックが使われたでしょうか。

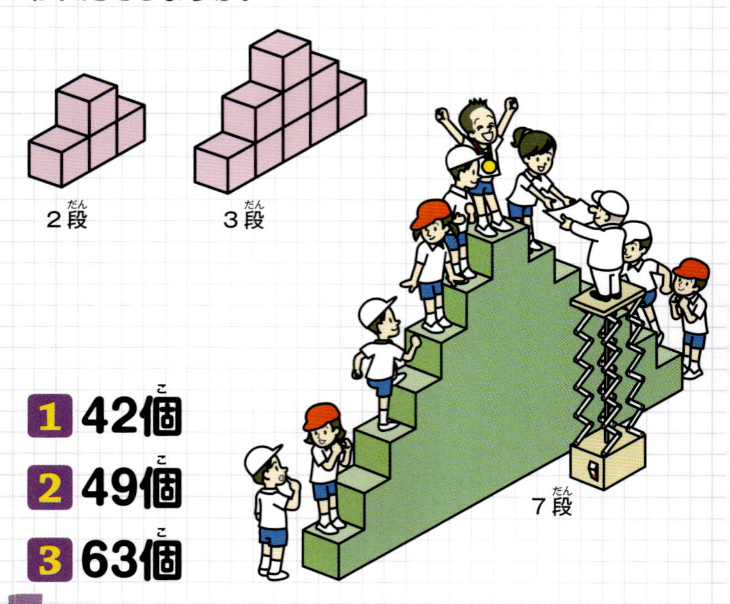

1 42個

2 49個

3 63個

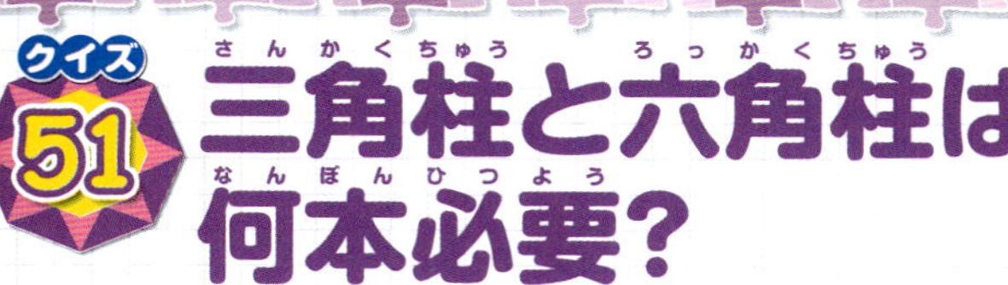

クイズ51 三角柱と六角柱は何本必要？

たくさんの三角柱と六角柱があり、積むことができます。図1は、4段まで積んだところを正面から見た図です。このようにして角柱を積み上げ、7段にしたとき、三角柱と六角柱はそれぞれ何本使われたでしょうか。

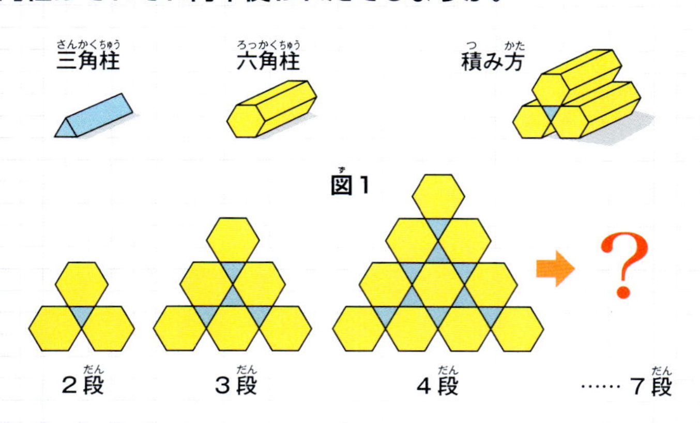

1 三角柱15本、六角柱16本

2 三角柱21本、六角柱25本

3 三角柱36本、六角柱28本

クイズ50 答え 2 49個

1つ、2つ、……とマス目を作って数えてもよいのですが、1段、2段、3段のブロックの数を考え、表にしてみましょう。

段数	1	2	3	4	5	6	7
ブロック数	1	4	9	16	25	36	?

上の表で、4=2×2、9=3×3から、「段数×段数=ブロックの数かな？」と気づくと、あとの段は、

1段：1個=(1×1)個
2段：1個+3個=4個=(2×2)個
3段：1個+3個+5個=4個+5個=9個=(3×3)個
4段：1個+3個+5個+7個=9個+7個=16個
=(4×4)個
5段：1個+3個+5個+7個+9個=16個+9個=25個
=(5×5)個

ここまでやって決まりを見つけると、
楽に解けます。

段数が
わかるだけで、
ブロックの数が
わかるんだね！

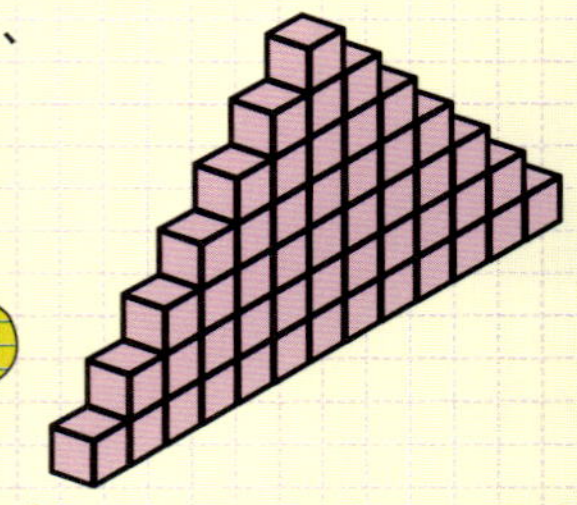

7段：(7×7)個=49個

クイズ51 答え 3 三角柱36本、六角柱28本

実際に図をかいて数えるのは大変です。でも、段数が増えるにともなって規則正しく変わることがわかれば、表を作って確かめることができます。

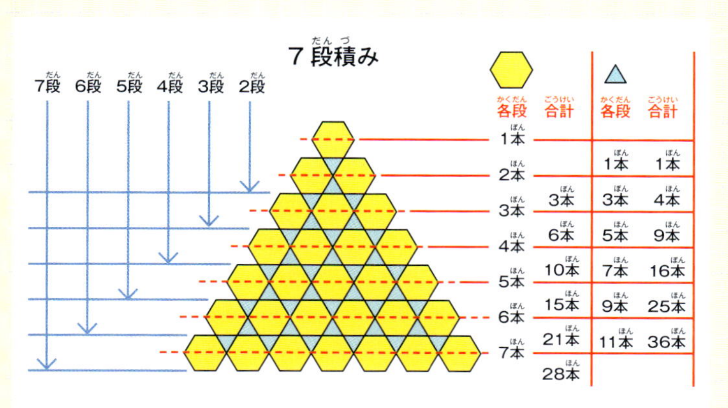

問題図にある2段、3段、4段の角柱の本数がわかれば、規則が見つけられます。すると、表に入る数が次つぎとわかります。

本数＼段数	2	3	4	5	6	7	……
三角柱	1	4	9	16	25	36	……
六角柱	3	6	10	15	21	28	……

※三角柱の数：(段数－1)×(段数－1)
　六角柱の数：(1＋2＋3＋……＋段数)

合計が同じになるカードの分け方は？

まん中が四角くあいたカードに、1から8までの数字がならんでいます。その合計は36で、例の矢印で示した赤線で切ると、どちらのカードも合計は18です。

では、別の切り方で、合計を18にするには、どの線で切ればいいでしょうか。

例

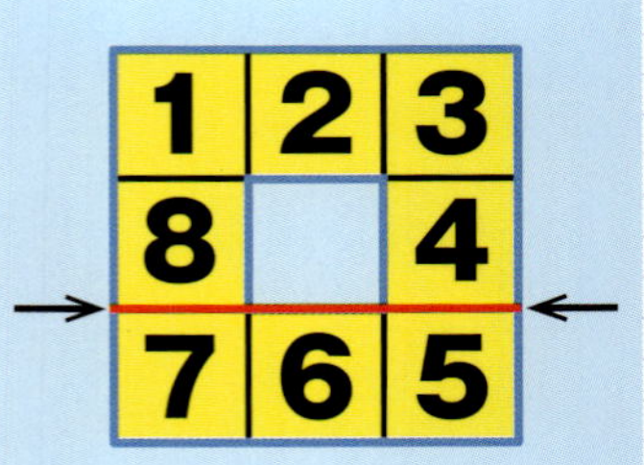

	A		B	
	1	2	3	
H				C
	8		4	
G				D
	7	6	5	
	F		E	

1 CとD

2 BとF

3 DとH

お月見だんごの、？に入る数は？

例題では、となりあった数をたして求めた数の１の位の数が、すぐ上のだんごにかかれています（例えば６＋８＝14で、上の数字は４）。それでは、０から９までの数を１回ずつ使って、同じ決まりでお月見だんごを作ったとき、？に入る数は何でしょうか。

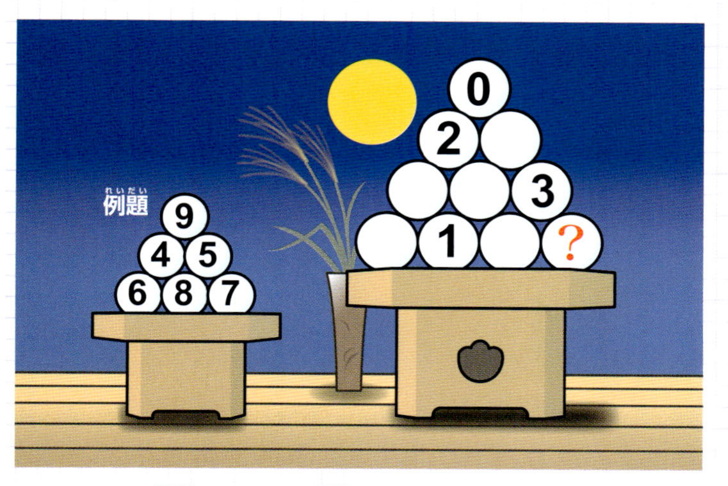

1 7　**2** 8　**3** 9

クイズ52 答え 2 BとF

連続してならぶ数の性質に注目すると、わかりやすくなります。

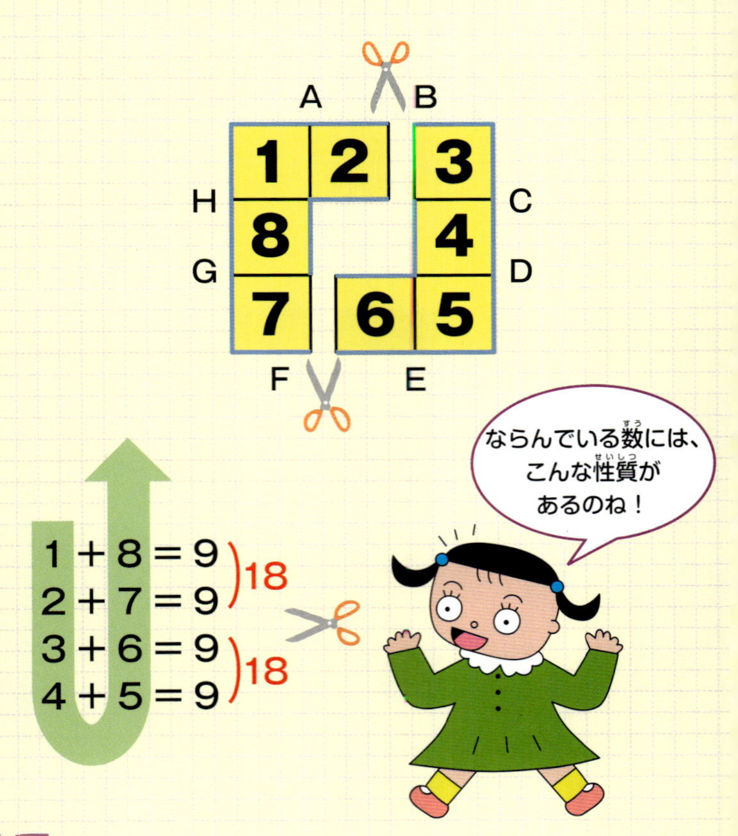

9

できるだけ2けたの数を使わないようにして、下のような順番で上の段から数を決めていくと、右下には9が入ります。

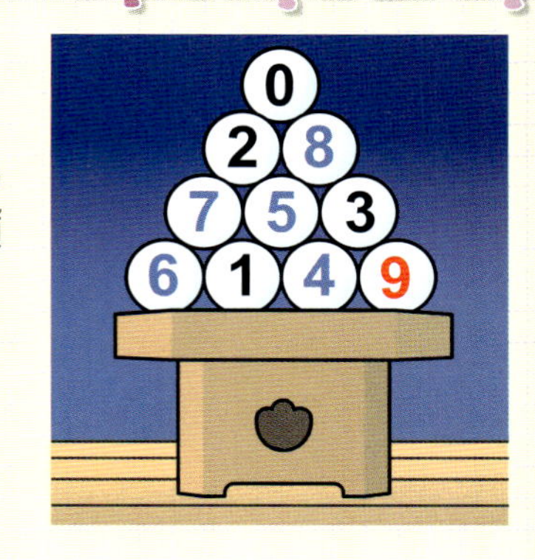

0
2 A
B C 3
D 1 E ?

0
2 8
B 5 3
D 1 E ?

0
2 8
B 5 3
D 1 4 9

空いている○をAからEとして考えていきましょう。

(1) 1けたの数2つをたして求めた数のうち、1の位が0になるのは、10しかありません。
$2+A=10$ から $A=8$

(2) $3+C=8$ から $C=5$

(3) $1+E=5$ から $E=4$

(4) 4に何かをたして3にすることはできないから、$4+?=13$
このことから、?に入るのは9だとわかります。

(5) 残りのBには7が、Dには6が入り、0から9がそろいます。

まちがってならべた碁石はどれ？

図1のような方眼紙の上に碁石を置きました。本当は、どの列、どの行も白4個、黒4個にするつもりでしたが、1個の石だけまちがえました。それはどの石でしょうか。

図1

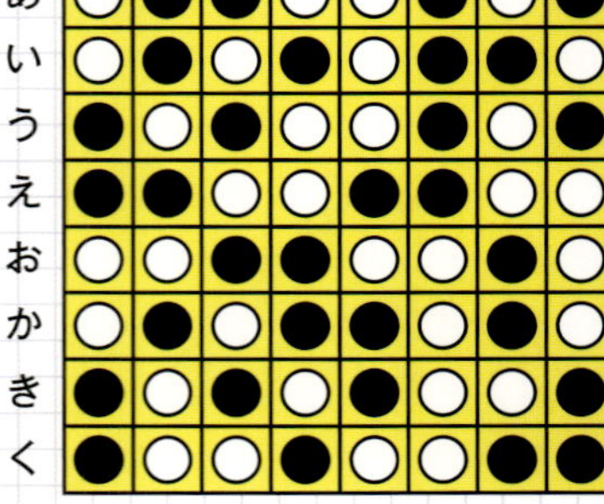

図2

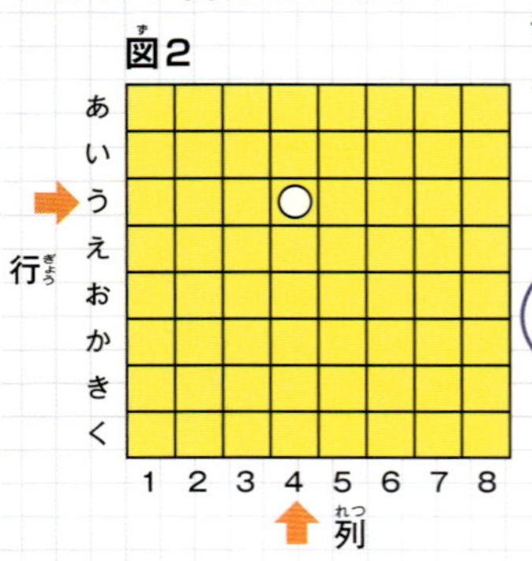

碁石の位置は、
列の名前と行の名前で表すよ。
図2の白石は、(4列う行)の
石というよ！

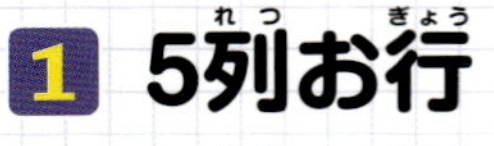

2 5列う行

まちがったつぼの置き方はどれ？

つぼがならんだ、縦横４部屋のたながあります。縦・横・ななめの方向に数えたとき、４個の部屋のうち３個につぼが入るように、新たに３個のつぼをＡからＦのどこかに置きます。このとき、まちがった置き方はどれでしょうか。

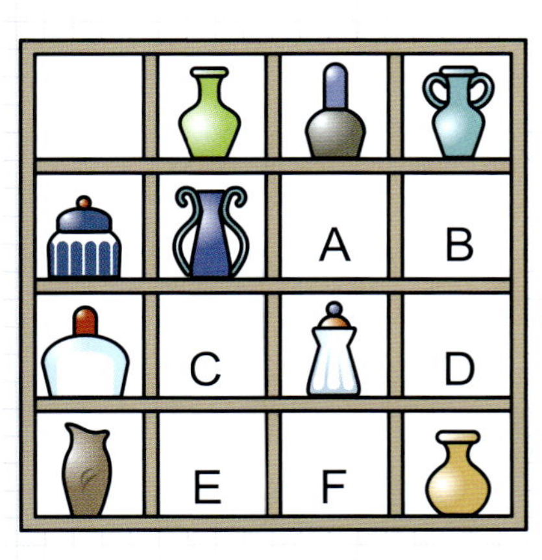

縦：３個ずつ
横：３個ずつ
ななめ：３個ずつ

1 B、C、F　**2** A、D、E

3 C、D、F

クイズ54 答え 1 5列お行

それぞれの列の碁石の数を調べると、5列の黒石が3個しかありません。ほかの列は4個ずつあります。この列の中の白石のどれかが、黒石になるはずでした。

同じように行について調べると、お行だけ黒石が3個しかありません。この行の中の白石のどれかが、黒石になるはずでした。

置きまちがえたのは、(5列お行)の白石で、これが黒になれば、各列各行の碁石は、白も黒も4個ずつになります。

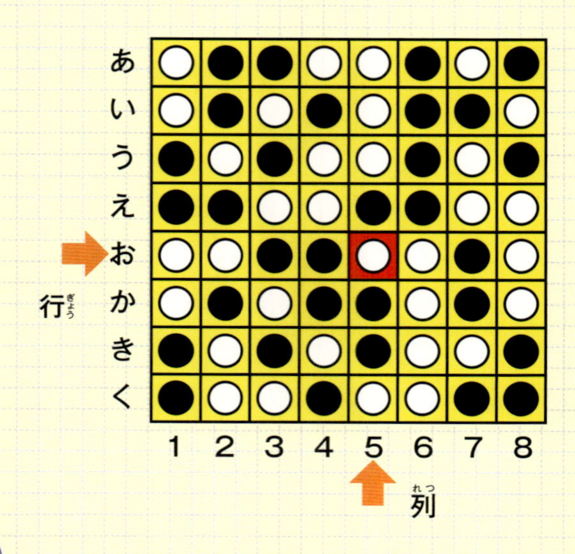

つぼが置かれたようすを図にすると、1と2は正しく、3がまちがいとわかります。

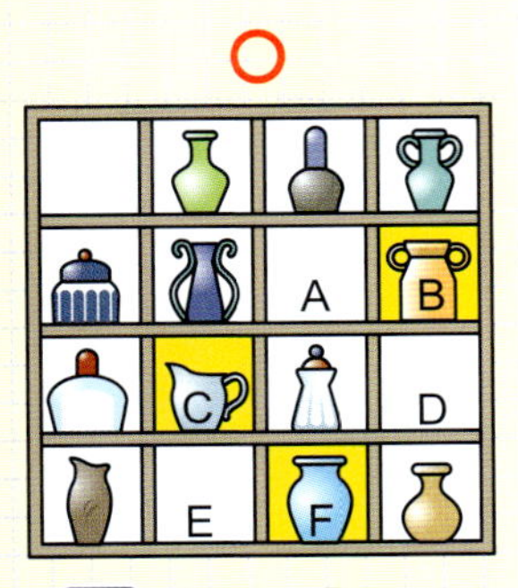

1 B、C、F

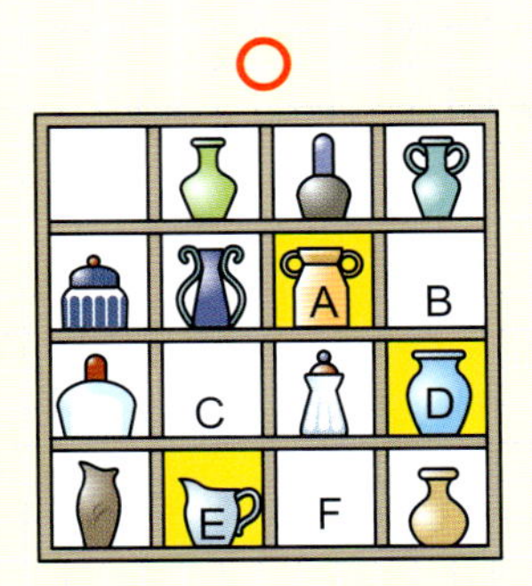

2 A、D、E

3 C、D、F

3は、上から
2段目が2個、3段目が、
4個になるよ！

クイズ56 持ち上げると、いちばん下になる輪は？

図1のようなくさりを作りました。Aの輪をつまみ上げたら、うまくつながっていて、全部を持ち上げることができました。このとき、いちばん下になった輪はどれでしょうか。

図1

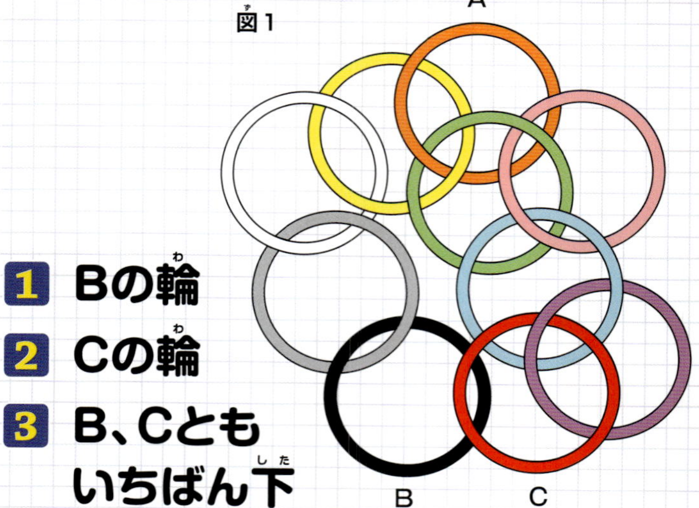

1 Bの輪

2 Cの輪

3 B、Cともいちばん下

重ねた折り紙のいちばん下は何色？

色がちがう８枚の折り紙を、どの色も見えるようにして、下から上へ順番に重ねました。折り紙は正方形で、大きさはどれも同じです。図１のように重ねたとき、いちばん下は何色の紙でしょうか。

図１

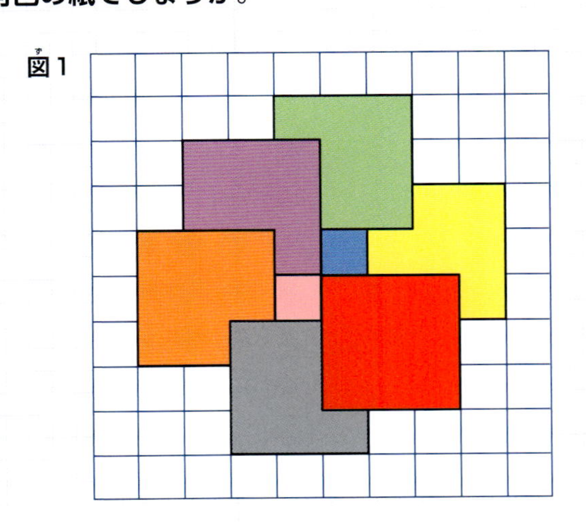

1 ピンク　**2** 青

3 何色か決まらない

クイズ56 答え 2 Cの輪

Aの輪をいちばん上とし、つながりをたどっていきます。その下の輪（黄色と緑色）には2を、2の番号の下になる輪には3と番号をつけていきます。Bの輪は5、Cの輪は6となりますから、CがBより低い位置になります。

クイズ57 答え 3 何色か決まらない

いちばん上は赤、次は灰色とわかります。上の2枚を取りのぞいたとき、残った折り紙の重なり方によって、下のように4通りに分かれます。

例えば、AやBなら、いちばん下は青。CやDなら、いちばん下はピンクです。問題の図からだけでは、いちばん下の色は決まりません。

いちばん下は青

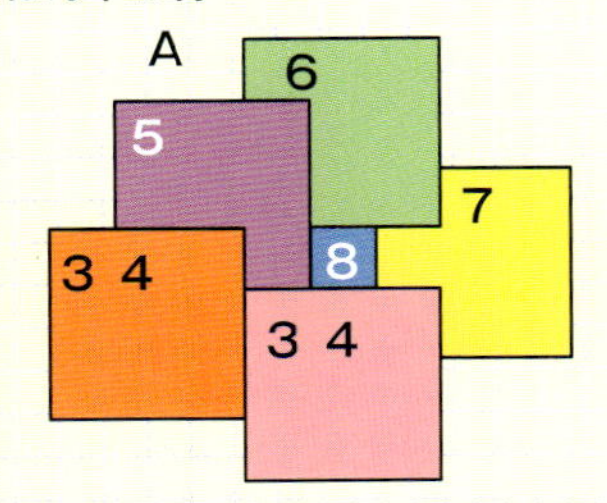

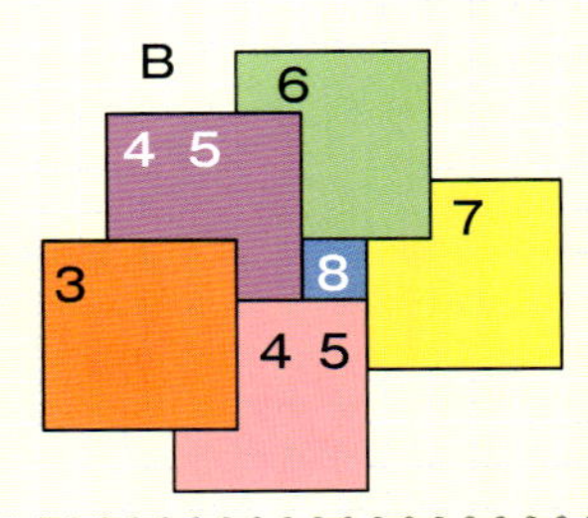

いちばん下はピンク

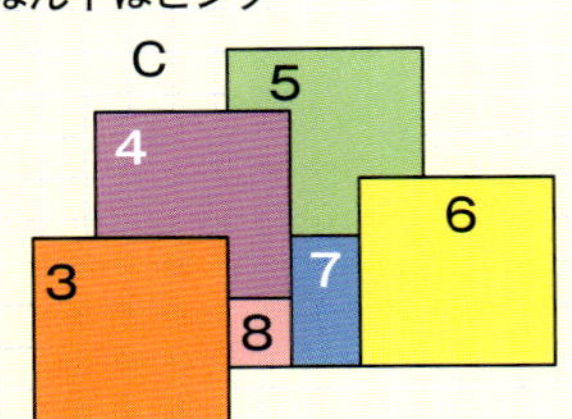

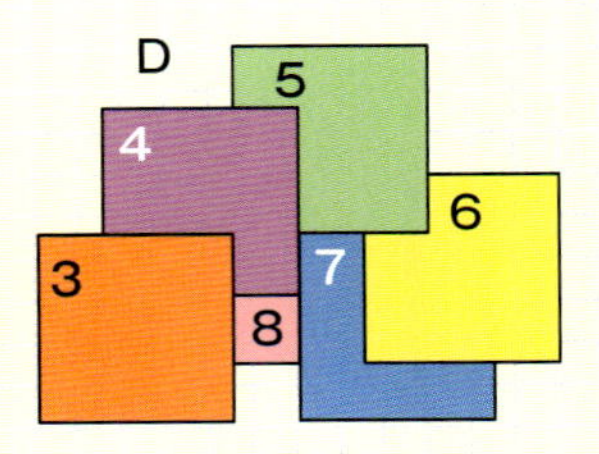

数字は上から数えた重なりの順を表しています。8なら、上から8番目(いちばん下)にあります。

かならず曲がる道、何番にたどり着く？

南北には長い道が、東西には短い道がある「あみだ町」の地図です。北から南に向かいますが、分かれ道があればかならず曲がり、北の方角へもどることはできません。

このルールでAから出発すると、★に着きます。では、Cから出発すると、どこに着くでしょうか。

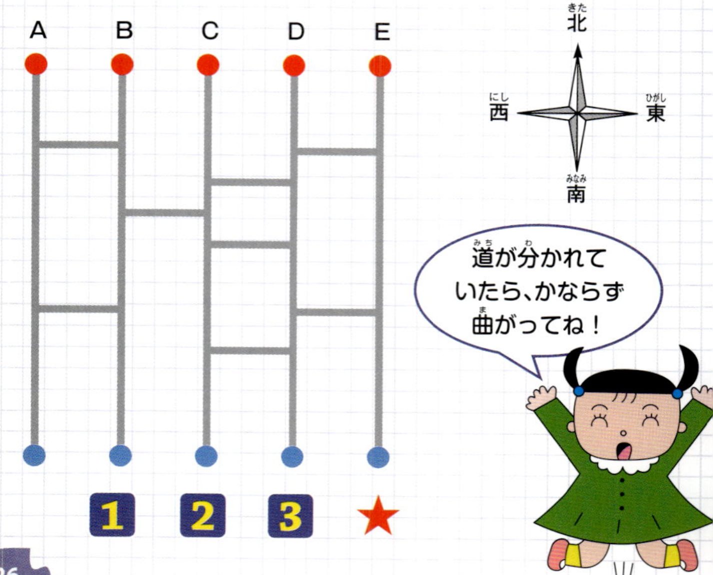

何回置きかえれば正しい順番にならぶ?

トランプのカードが5枚ならんでいます。となりのカードとは置きかえられますが、はなれたカードとは置きかえられません。カードを左から1から5の順番にならべるには、最少何回置きかえればいいでしょうか。

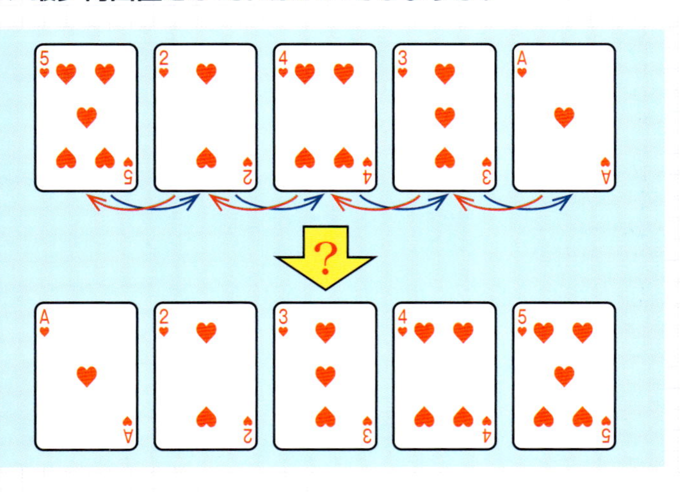

1 8回　2 12回

3 正しい順番にならべかえはできない

クイズ58 答え 3

Cから出発すると、3に着きます。この進み方のルールには、右の図のように、おもしろい性質があります。

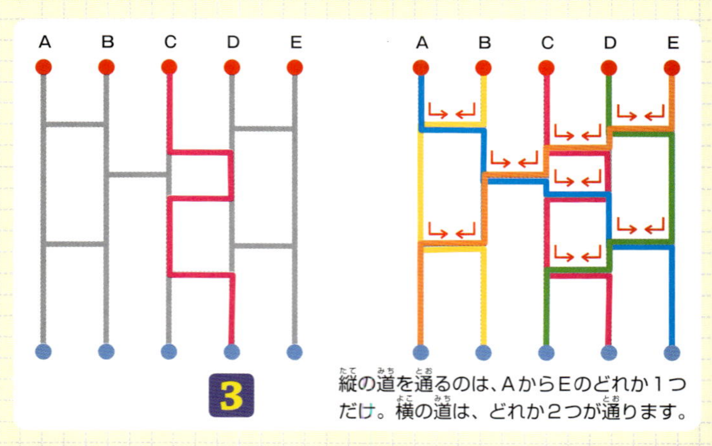

縦の道を通るのは、AからEのどれか1つだけ。横の道は、どれか2つが通ります。

●あみだくじ

●に賞品名をかいてかくし、AからEに参加者の名前をかいて、あみだくじにします。これは、室町時代(14～16世紀)のくじの名前に由来します。昔のくじは放射状の線を使っていました。これが「阿弥陀如来」の後光に似ていることから、この名がつきました。

むだな置きかえをせずに、となりあった2枚を見くらべて、数字の大きいカードを右側に置けば、8回で解けます。

① 5 2 4 3 1

② 5 2 4 1 3

③ 5 2 1 4 3

④ 5 1 2 4 3

⑤ 1 5 2 4 3

⑥ 1 2 5 4 3

⑦ 1 2 5 3 4

⑧ 1 2 3 5 4

1 2 3 4 5

完成！

●あみだ町の道路と同じ？

クイズ58の問題とくらべてみましょう。横に走る8本の短い道では、かならず2人の進む道が入れかわりました。カードの問題では、となりあう2枚のカードを、8回こうかんしました。右の図で確かめましょう。

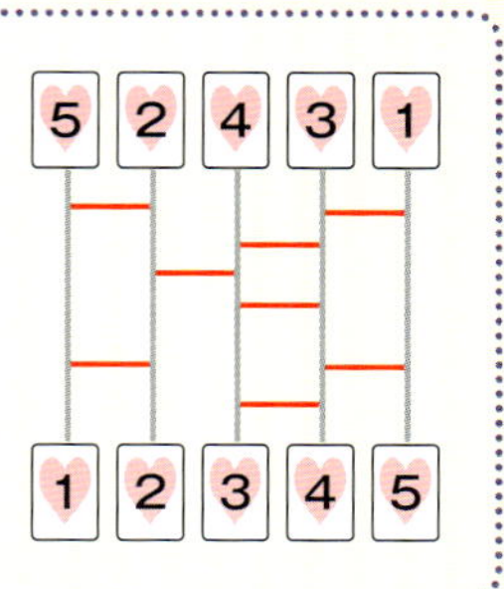

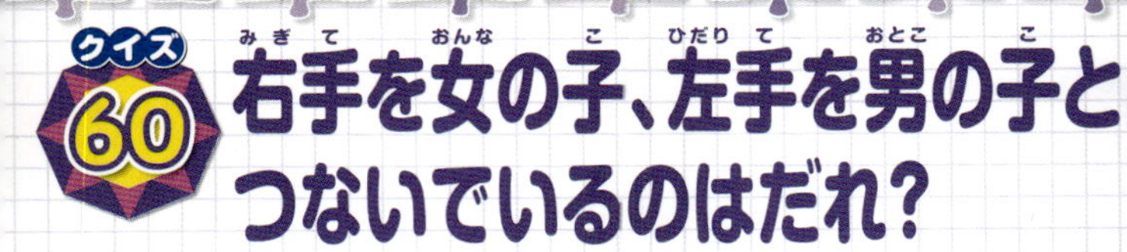

クイズ60 右手を女の子、左手を男の子とつないでいるのはだれ？

手をつないで輪になっている、6人の子どもがいます。右手を女の子、左手を男の子とつないでいる子はだれでしょうか。

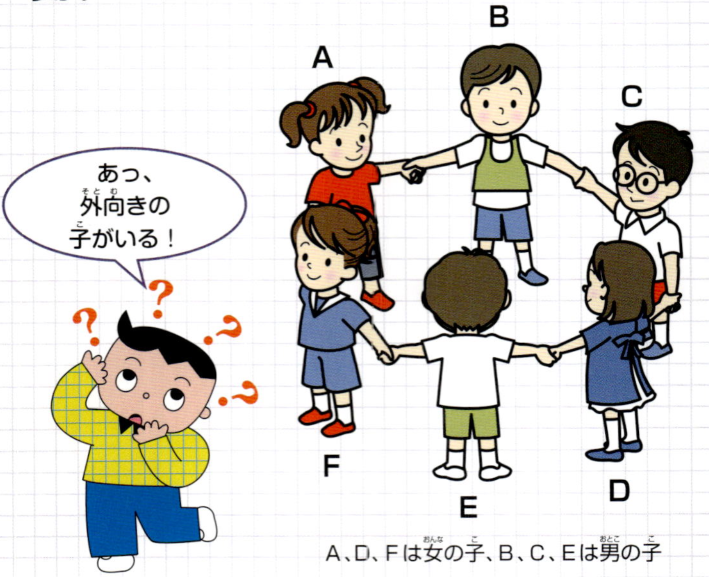

A、D、Fは女の子、B、C、Eは男の子

1 A、B **2** A、B、C **3** A、B、F

右手を男の子、左手を女の子とつないでいるのはだれ？

クイズ60と同じく、手をつないで輪になっている、6人の子どもがいます。右手を男の子、左手を女の子とつないでいる子はだれでしょうか。

A、D、Eは女の子、B、C、Fは男の子

1 B、C　**2** B、C、D　**3** B、C、E

クイズ60 答え 3 A、B、F

絵の中の子どもになったつもりで、右と左を考えましょう。条件が2つあるので、かんたんな図を作り、分けて考えます。

右手が女の子ではない子には×、左手が男の子ではない子には△を記入します。記号のない子が答えになります。

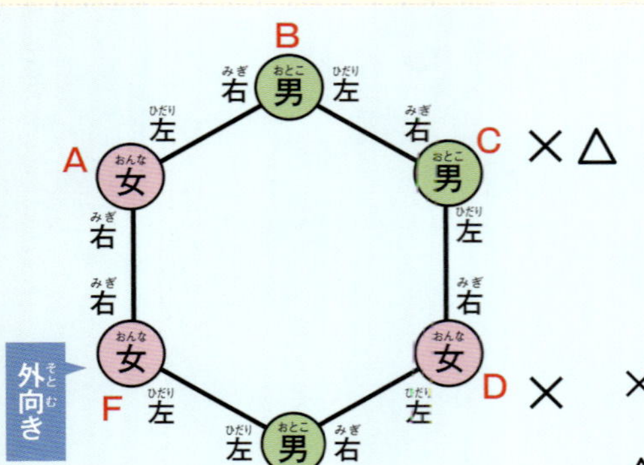

クイズ61 答え 2 B、C、D

Aの女の子は両手が男の子、Fの男の子は両手が女の子なので答えではありません。男の子B、Cと、女の子D、Eの4人について、絵の中の子どもになったつもりで、表を使って整理する方法で考えましょう。

右手が男の子なら○、左手が女の子なら○、そうでない子には×をつけるというルールです。×がつかない子◎が答えになります。

	B	C	D	E
右手が男の子	○	○	○	×
左手が女の子	○	○	○	×

クイズ
62

うそつきおにはだれ?

パパ、ママ、リカの3人で、うそつきおにごっこをしています。おにの役になったらかならずうそをいい、おにでない人は本当のことをいいます。

3人に「今はだれがおにの役なの?」と聞いたら、3人が次のように答えました。おには一人だけです。おにはだれでしょうか。

わたしは
おにではないですよ。
おには
リカなのよ。
パパが
おになのよ。

1 パパ　2 ママ　3 リカ

しずちゃんのペットは何？

3人の友だちは動物が大好きで、3人ともちがう種類のペットを飼っています。次の2つのヒントから、しずちゃんのペットを当ててください。

(1)しずちゃんはイヌを飼っていません。

(2)ネコを飼っているのは、けんたくんでもしずちゃんでもありません。

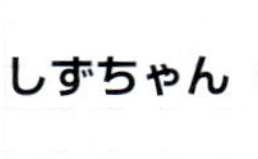

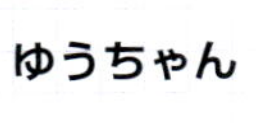

クイズ62 答え 3 リカ

3人の発言を、もう一度思い出してみましょう。

パパ「わたしはおにではないですよ。」

ママ「おにはリカなのよ。」

リカ「パパがおになのよ。」

パパとリカの両方が正しいことはありませんね。おには、パパかリカのどちらかです。

おにでない人は本当のことをいうので、ママのいった言葉から、リカがおにの役とわかります。

たがいに反対のことをいっている場合は、どちらか片方がうそをついているよ！

クイズ63 答え 1 ウサギ

2つの解き方を考えましょう。

(1)表を使う解き方

横に友だち、縦にペットの名前をかいた表を作ります。ヒントから、確実な組み合わせに○、ありえない組み合わせに×を記入します(図1)。あとは、各列各行の○が1つになるように○か×をかきこみます(図2)。

図1

	けんた	しず	ゆう
ウサギ			
ネ コ	×	×	○
イ ヌ		×	

図2

	けんた	しず	ゆう
ウサギ	×	○	×
ネ コ	×	×	○
イ ヌ	○	×	×

(2)線で結ぶ解き方

左に友だち、右にペットの名前をかきます。ヒントから、ありえない組み合わせに太くてうすい線を結びます(左)。次に、太くてうすい線の上を結ばないように、確実な組み合わせをこい直線で結びます(右)。すると、しずちゃんのペットはウサギとわかります。

けいくんのおじいさんはどの人？

けいくんのおじいさんは、
(1)ぼうしをかぶっている人のとなり
(2)めがねをかけている人のとなり
(3)ひげを生やしている人のとなり
にいます。おじいさんはどの人でしょうか。

自分の
右側にいる人も、
左側にいる人も、
「となり」って
いうよね！

  C　 D　3 E

ハートのカードの数字は何？

スペード、ハート、クラブ、ダイヤの、4枚のカードがあります。数字はすべてちがい、2、3、4、5ですが、どのマークのカードがどの数字かはわかりません。次の3つのヒントから、ハートのカードの数字を当ててください。

(1)2と3のカードは、クラブではない。

(2)4のカードは、スペードでもクラブでもない。

(3)スペードとハートのカードは、2ではない。

1 3　 2 4　 3 5

クイズ64 答え 2 D

「となり」というのは、左右の両方向を意味します。ややこしいときは、絵や文章のことがらを表に整理しましょう。すると、下の表のようになります。(1)(2)(3)の３つの条件を満たす人は、Dのおじいさんですね。

	A	B	C	D	E	F
(1)ぼうしの人のとなり	○	×	○	○	○	○
(2)めがねの人のとなり	×	○	○	○	○	×
(3)ひげの人のとなり	×	○	×	○	×	○
				◎		

カードの種類と数字の組み合わせの表を作って、(1)から(3)のヒントから、ありえない場合に×を記入し、確定したカードに○をつけていきます。下の考え方から、ハートは4であることがわかります。

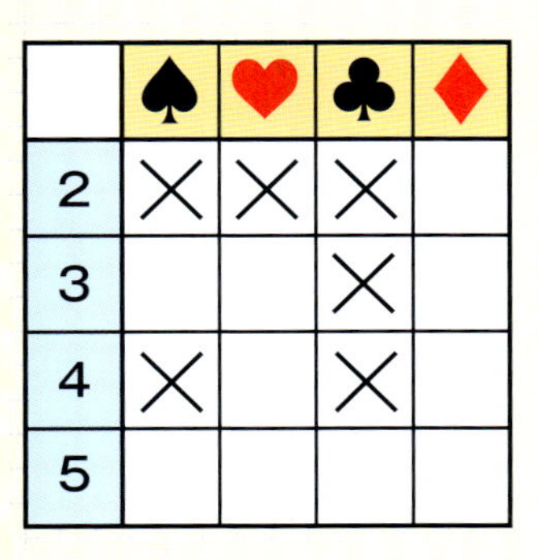

	♠	♥	♣	♦
2	×	×	×	
3			×	
4	×		×	
5				

ヒント

(1)2と3のカードは、クラブではない。

(2)4のカードは、スペードでもクラブでもない。

(3)スペードとハートのカードは、2ではない。

クラブは5で、スペードは5ではありません。

スペードは3で、ハートは3でも5でもありません。

よって、ハートは4です。

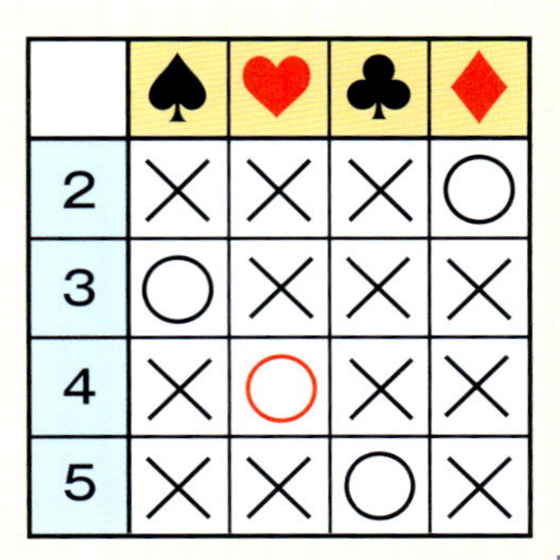

	♠	♥	♣	♦
2	×	×	×	○
3	○	×	×	×
4	×	○	×	×
5	×	×	○	×

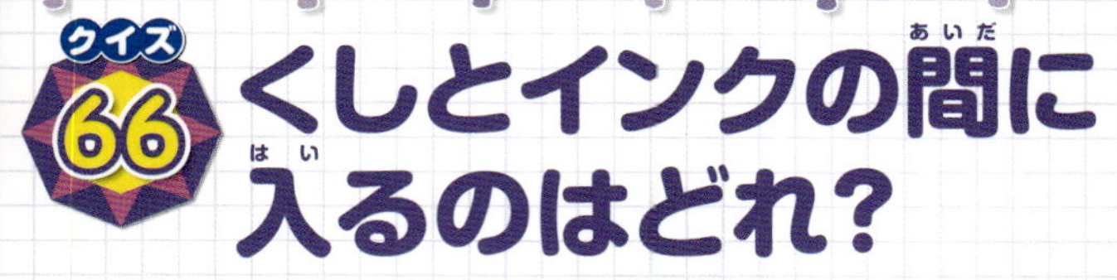

くしとインクの間に入るのはどれ？

いろいろな物が、ある順番でならんでいます。このとき、？に入るのは、どれでしょうか。

かけ算の式で、?に入るカードは何?

1から8までのカードを1枚ずつ使って、かけ算の式を2つ作りました。1、3、7のカードを図のように置くと、?にはどの数のカードが入るでしょうか。

3 × □ = 1□

7 × □ = □?

1 4　2 5　3 6

クイズ66 答え 2 サンゴ

イラストはかけ算の九九の一部でした。答えの数が大きい方から小さい方に、順にならべばよいのです。

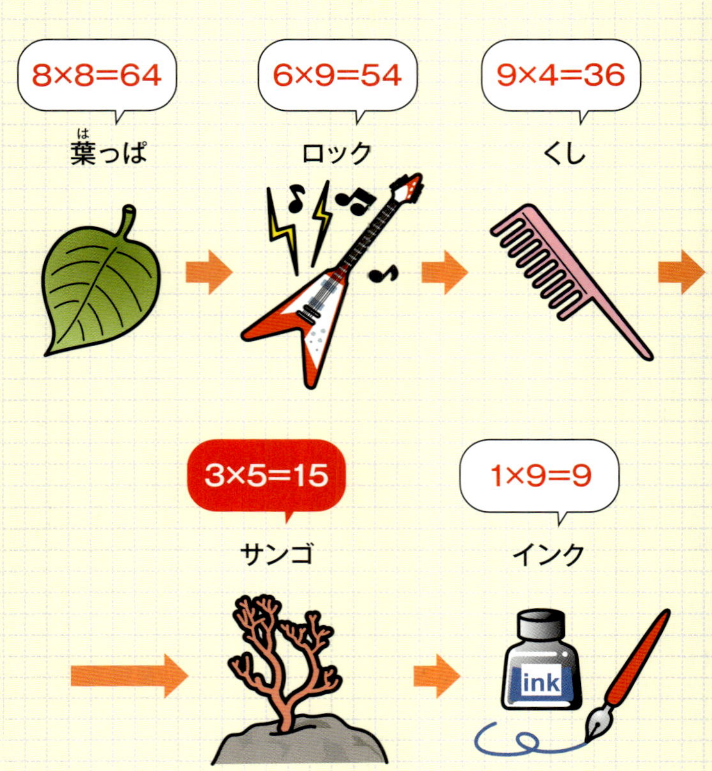

3 6

ヒントになる数が多いので、上の式から先に考えます。3の段のかけ算の九九を思い出しましょう。次の3つの場合が考えられます。

3 × 4 = 1 2
7 × □ = □ ?
5、6、8が入る

(1) 3×4＝12
→残った数は、5、6、8です。
(7は下の式にあるので使えない)

(2) 3×5＝15
→同じ数は2回使えないので、5ではありません。

3 × 6 = 1 8
7 × □ = □ ?
2、4、5が入る

(3) 3×6＝18
→残った数は、2、4、5です。
(7は下の式にあるので使えない)

次に下の式を考えます。(1)の場合

3 × 4 = 1 2
7 × 8 = 5 6

(4) 7×5＝35　7×6＝42
→同じ数は2回使えないので、5でも6でもありません。

(5) 7×8＝56
→数字をあてはめてみると、1から8までそろいました。

(3)の場合は、下の式に何を入れてもうまくいきません。

?に入る数字は6だけです。

動かすマッチ棒はどれ？①

下の式は、まちがった計算です。しかし、例のようにマッチ棒を１本動かすだけで、正しい計算になります。例のほかに、おかしな計算を正しい計算にする方法が、もう１つあります。どことどこを変えればいいでしょうか。

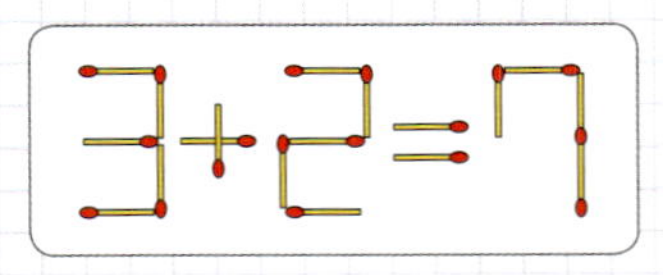

おかしな計算

例

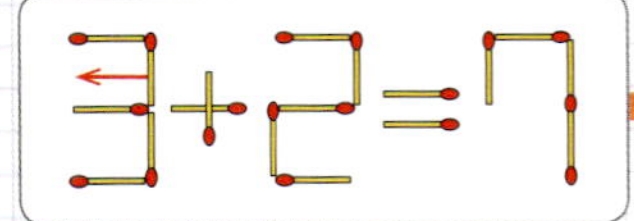

３のマッチ棒を移動する

３が５に変わって、正しい計算式になる

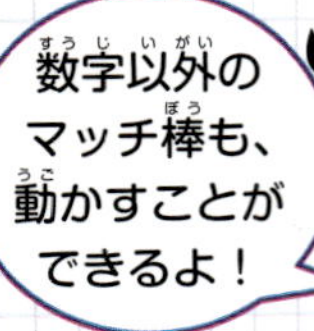

数字以外のマッチ棒も、動かすことができるよ！

1 3と＋を変える

2 2と＝を変える

3 7だけを変える

動かすマッチ棒はどれ?②

クイズ68のように、マッチ棒を1本移動して正しい計算にするには、どことどこを変えればいいでしょうか。

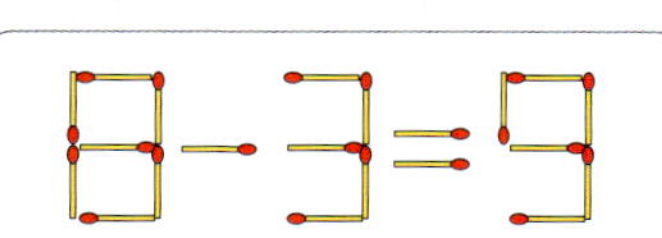

1 −と=を変える

2 −と9を変える

3 −と8を変える

動かすマッチ棒はどれ?③

今度はかけ算です。マッチ棒を1本移動するだけで、正しい式にできます。いろいろな答えが見つかりますが、全部で何通りでしょうか。

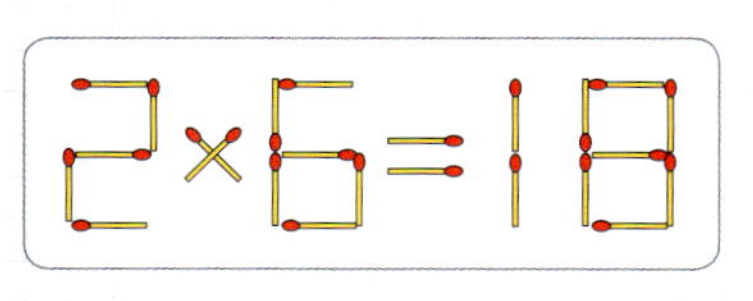

1 2通り

2 3通り

3 4通り

クイズ68 答え 1 3と+を変える

+のマッチ棒を動かして、3を9に、+を−にすると、正しい計算式になります。

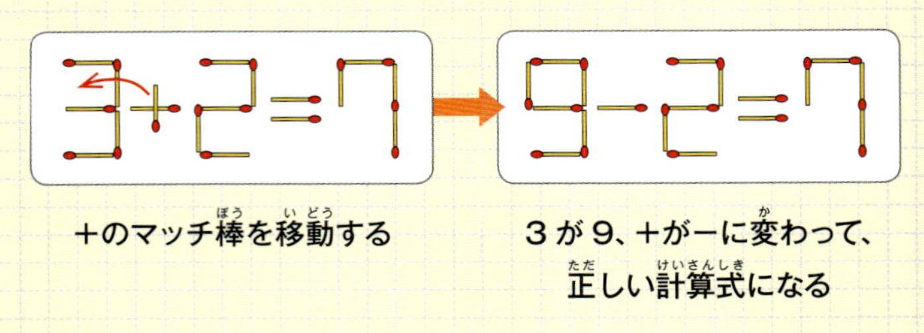

+のマッチ棒を移動する

3が9、+が−に変わって、正しい計算式になる

●マッチ棒で作った数字

マッチ棒パズルは、マッチが売り出された100年ほど前からありました。この数字の形、電卓の数字に似ていると思いませんか？　電卓が作られる前から、こんな数字表現のアイデアがあったのですね。

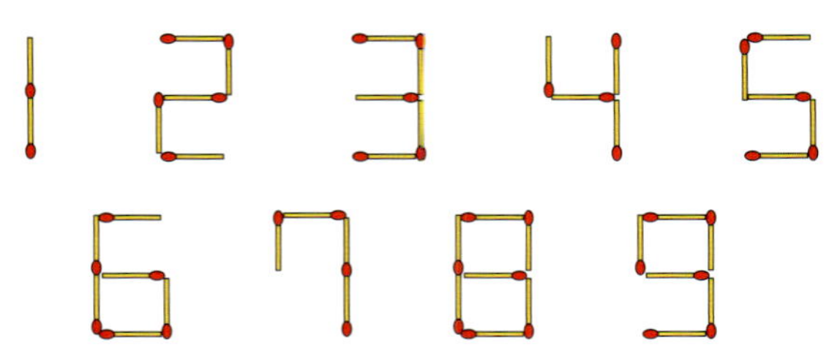

クイズ69 答え 3 ーと8を変える

8のマッチ棒を動かして、8を6に、ーを＋にすると、正しい計算式になります。

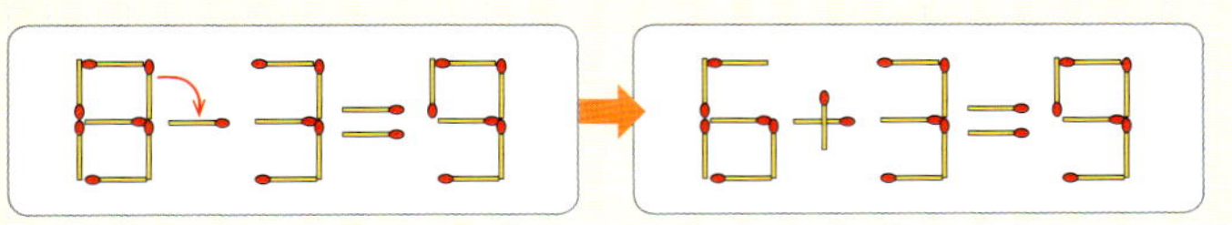

8のマッチ棒を移動する

8が6、ーが＋に変わって、正しい計算式になる

クイズ70 答え 2 3通り

全部見つけられましたか？

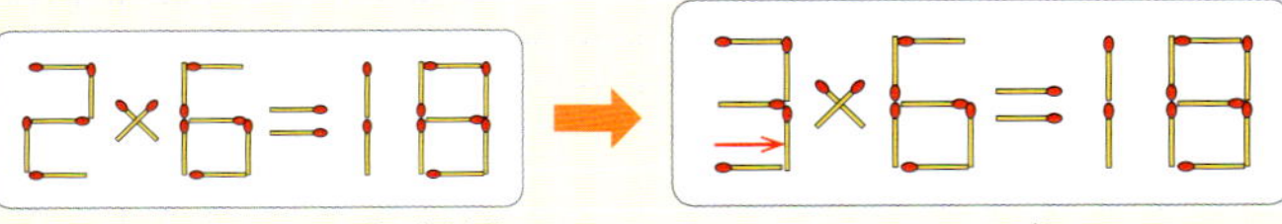

もとのまちがった計算式

2を3に変える

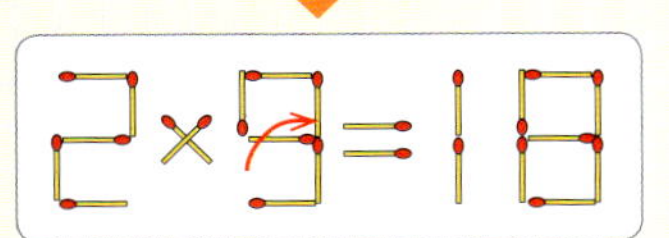

6を9に変える

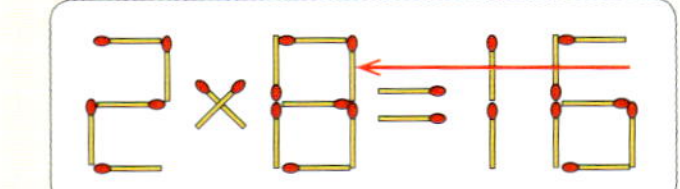

6を8に、
18を16に変える

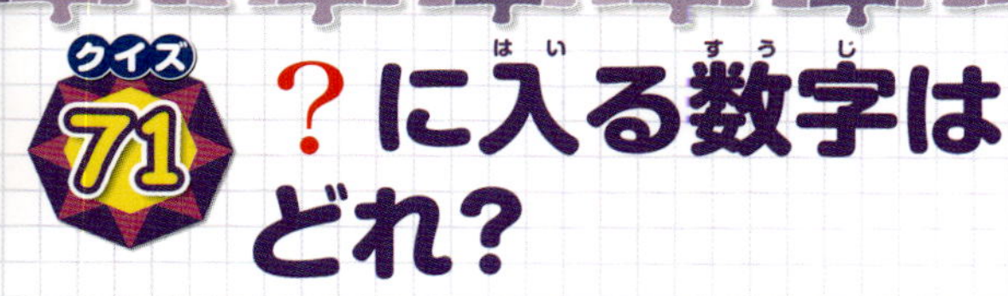

？に入る数字はどれ？

3けたどうしの数のかけ算をしましたが、123以外の数字は、すべて□でかくれています。□には、かならず1つの数字が入り、いちばん上の位には0（ゼロ）は入れません。このとき、？には何が入るでしょうか。

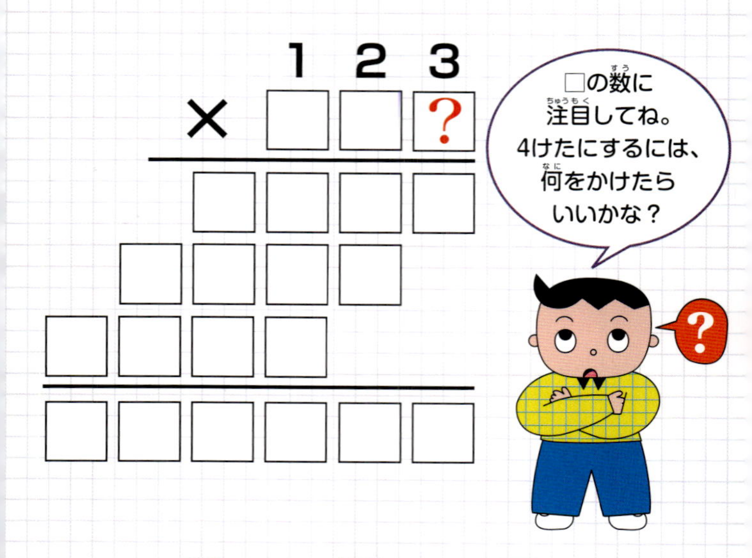

1 7　**2** 8　**3** 9

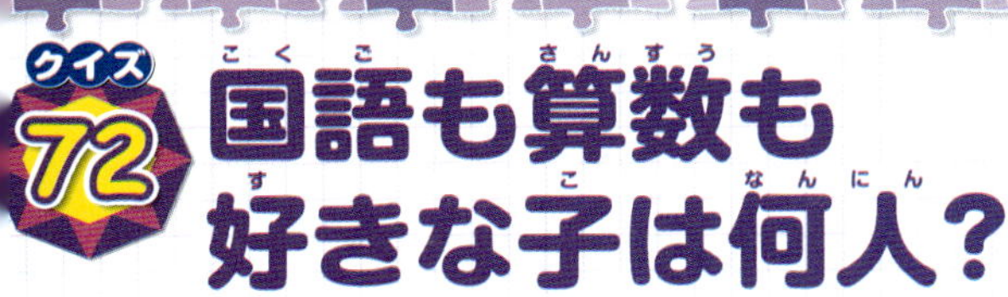

国語も算数も好きな子は何人？

ある小学校の40人学級で、国語と算数が好きな児童の人数を調べたら、表のような結果になりました。また、国語も算数もきらいという児童が、3人いることもわかりました。それでは、国語も算数も好きという子は何人いるでしょうか。

1 17人

2 23人

3 26人

	国語	算数
好き	30人	33人
きらい	10人	7人

まずは、
国語だけがきらいな子、
算数だけがきらいな子が
何人いるかを
考えよう！

クイズ 71 答え 3 9

注目するのは、何けたの数かです。3けたの数123に1けたの数をかけて4けたの数にするには、9をかけるよりほかありません。

		1	2	3
	×	□	□	?
	□	□	□	□
□	□	□	□	
□	□	□	□		
□	□	□	□	□	□

ここが、すべて4けたになっていることに注目します。

1 7の場合

$$\begin{array}{r} 123 \\ \times \quad\; 7 \\ \hline 861 \end{array}$$

4けたにならない

2 8の場合

$$\begin{array}{r} 123 \\ \times \quad\; 8 \\ \hline 984 \end{array}$$

4けたにならない

3 9の場合

$$\begin{array}{r} 123 \\ \times \quad\; 9 \\ \hline 1107 \end{array}$$

4けたになる

$$\begin{array}{r} 123 \\ \times \; 999 \\ \hline 1107 \\ 1107 \\ 1107 \\ \hline 122877 \end{array}$$

26人

国語も算数も好きな子は26人です。ややこしい問題ですが、図にして整理すると、考えやすくなります。

	国語	算数
好き	30人	33人
きらい	10人	7人

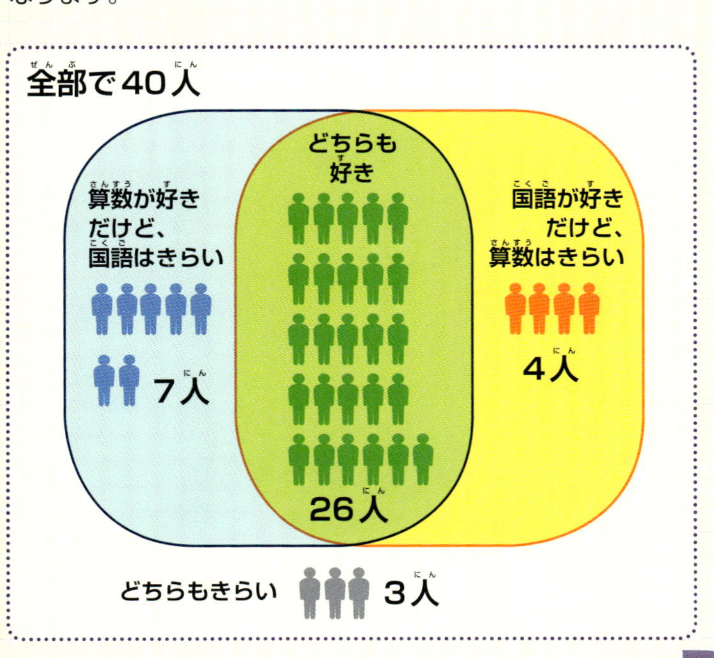

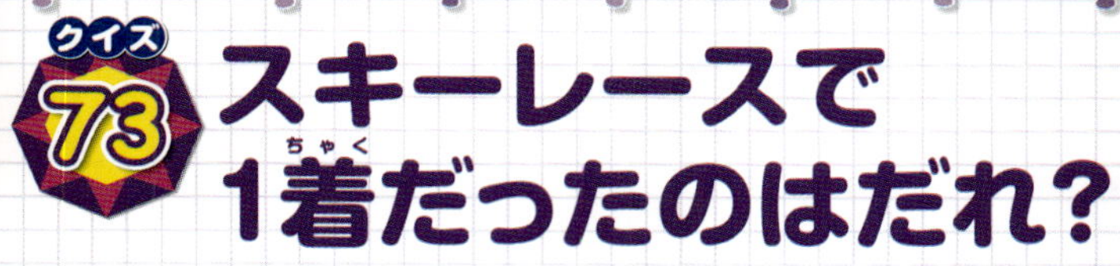

クイズ73 スキーレースで1着だったのはだれ？

3人で同時にスタートしたスキーレースは、大変な接戦でした。1着はだれでしょうか。

おかしな絵はどれ？

今ではほろびた古代の国で畑をたがやすときに使われていた、「すき」をかいた絵が発見されました。でも、その１つが、実際にはありえないおかしな絵になっているといいます。その絵はどれでしょうか。

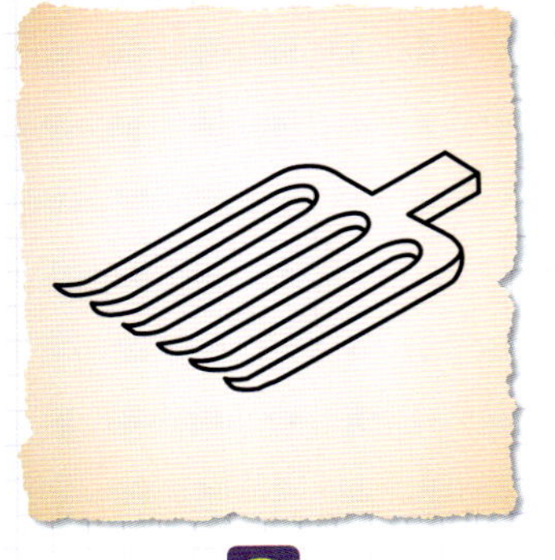

2

クイズ73 答え 2

ゴール地点の雪の上についた、スキーのあとを観察しましょう。あとから通過した人が、先にすべった人のスキーのあとを消しています。

下から2、1、3の順でスキーのあとがついているね！

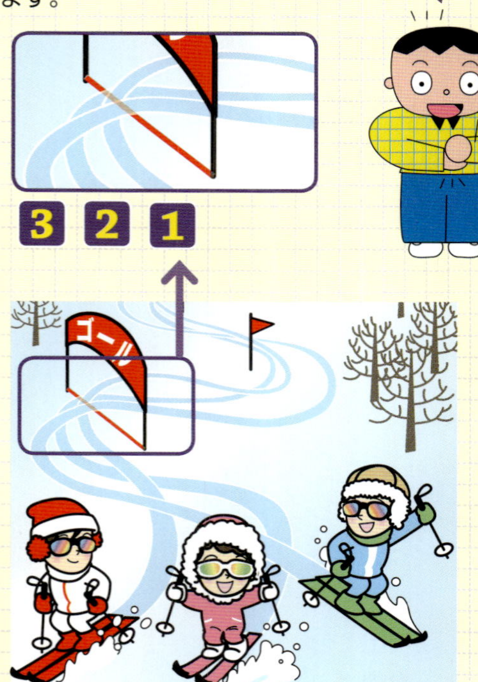

1 2着
2 1着
3 3着

答え 2

絵の背景に色をつけると、1と3はすきの部分が白くなるのに、2は、背景とすきが区別できなくなります。それに4本に分かれている先が、6本になるのもおかしいですね。

1

2

3

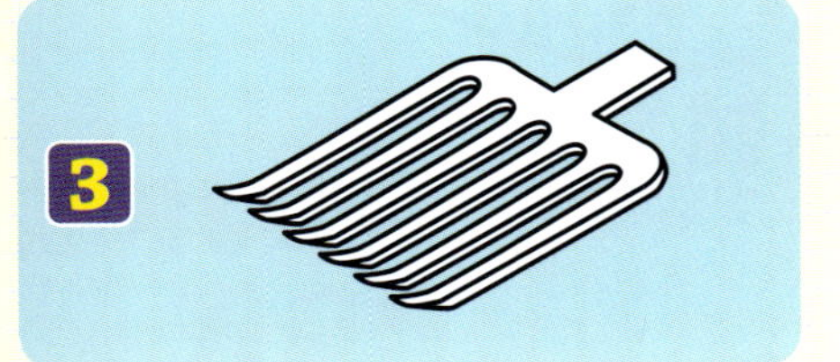

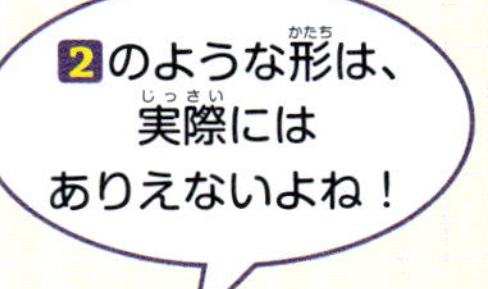

2のような形は、
実際には
ありえないよね！

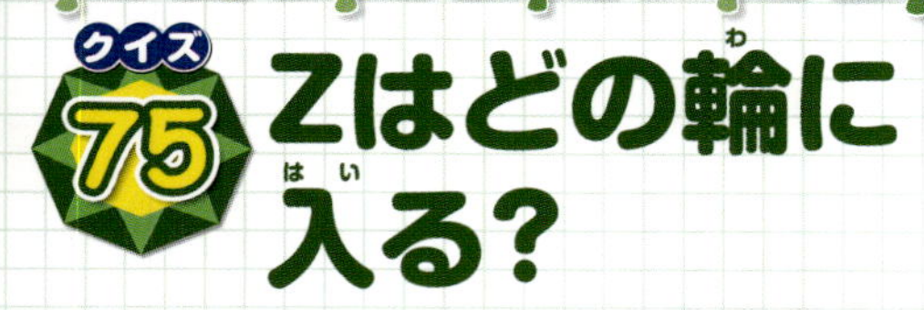

クイズ75 Zはどの輪に入る？

ローマ字のAからYの25文字が、ある決まりによって分けられています。3つの輪に入る文字や、どこにも入らない文字もあります。この分け方の場合、文字Zはどこかの輪に入るのですが、それはどの輪でしょうか。

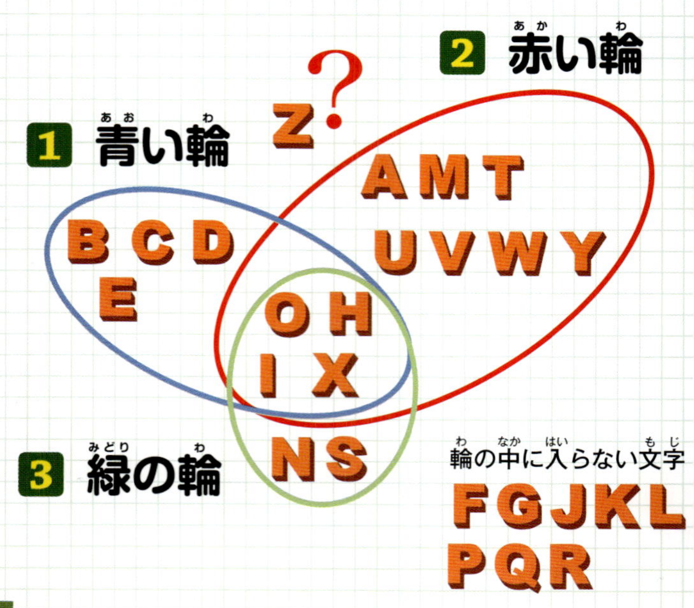

？には何が入る？

下にならんだ記号には、意味や順番があります。？にはどの記号が入るでしょうか。

？

1　2　3

友だちは来てくれるかな？

あしたのたんじょう日会にまねいた友だちから、ふしぎな返事がとどきました。友だちは来てくれるでしょうか。

1 来てくれる　2 来られない

3 まだわからない

クイズ75 答え 3 緑の輪

青い輪は文字の上下をひっくり返しても、赤い輪は左右をひっくり返しても、緑の輪は時計回りに180度回転させても、同じように読める文字です。

それぞれのルールでひっくり返した、文字の例が下にあります。文字の形に注目してくらべると、Zは緑の輪に入ることがわかります。

1 青い輪

上下をひっくり返しても同じ

Z

2 赤い輪

左右をひっくり返しても同じ

AMH　HMA

Z → Z ×

3 緑の輪

180度回転させても同じ

クイズ76 答え 1

記号は左から順に、2から7の数字と、それをそれぞれ裏返した数字を2つ重ねたものだったのです。？には4が入ります。2は8を、3は9を裏返して重ねた記号でした。

2 3 4 5 6 7 8 9

1 2 3

クイズ77 答え 1 来てくれる

前の問題で気づきましたか？　ふしぎな記号は、正しいカタカナと、裏返したカタカナを重ねたものでした。手紙には、「あすはいきます」とかいてあったのです。

アスハイキマス

カードにかかれていた模様はどれ？

模様をかいた正方形のカードを４つに切り、矢印にそって位置を変えたら、右下のような模様になりました。もとのカードにかかれていた模様はどれでしょうか。

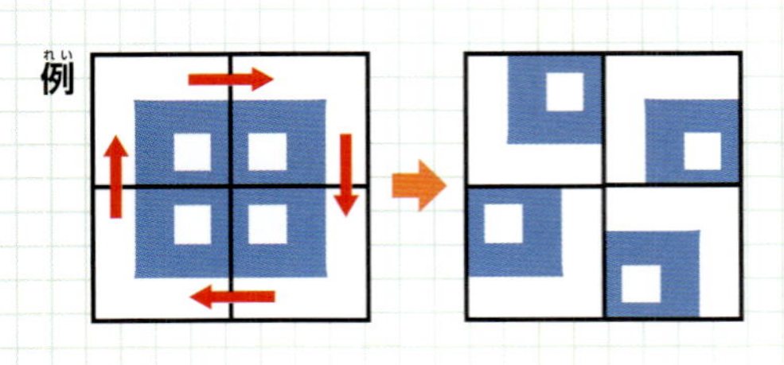

例えば、左の田の字のような模様は、4つの四角になります。

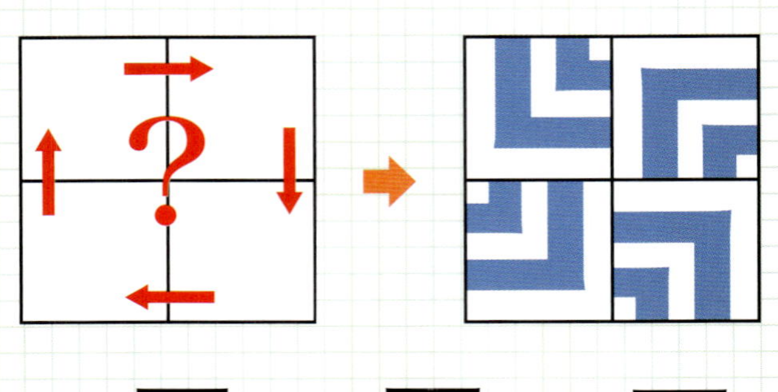

カードにかかれていた文字は何？

カードに文字をかいて、下のような手順で、暗号文字を作りました。もとの文字は何でしょうか。

●暗号文字の作り方（例）

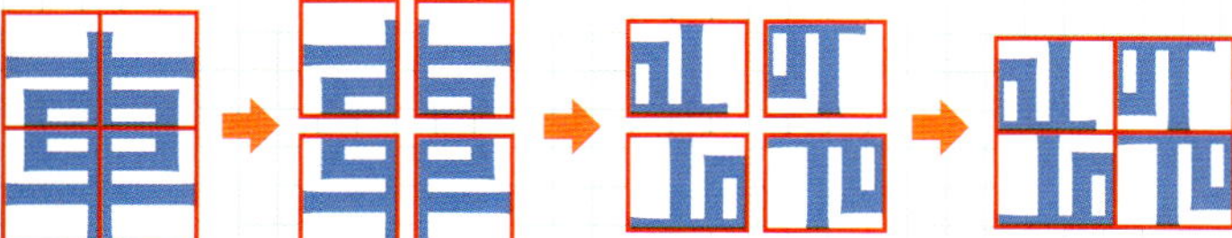

カードに文字をかく

４枚に切りはなす

それぞれを右回りに90度回転する

４枚を集めれば、できあがり

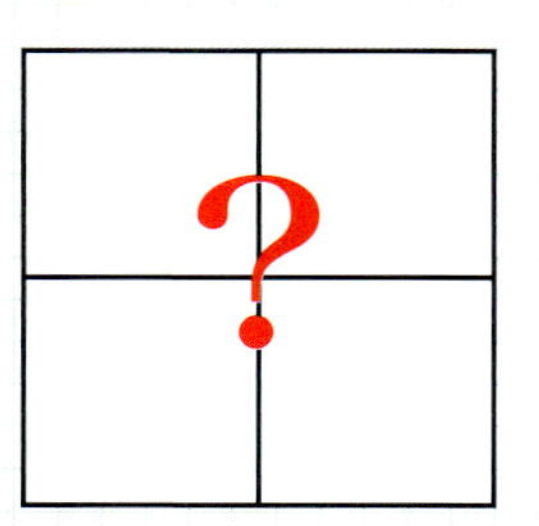

もとの文字

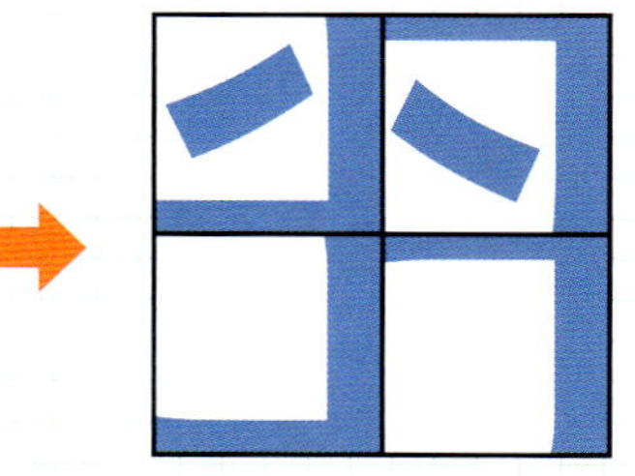

できあがった暗号文字

クイズ78 答え 1 回

もとのカードにもどすには、移動の方向をすべて逆にすればよいのです。

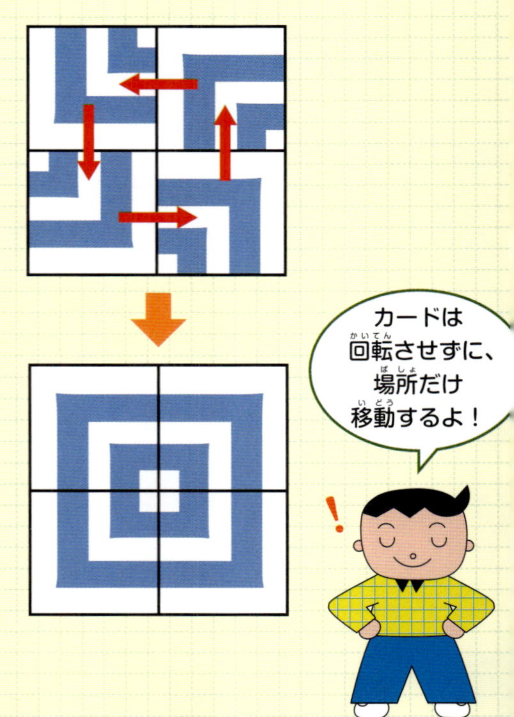

もとのカード
カードは回転させずに、場所だけ移動するよ！

クイズ79 答え 2 平

右回りに90度回転させたカードをもとにもどすには、左回りに90度回転させます。

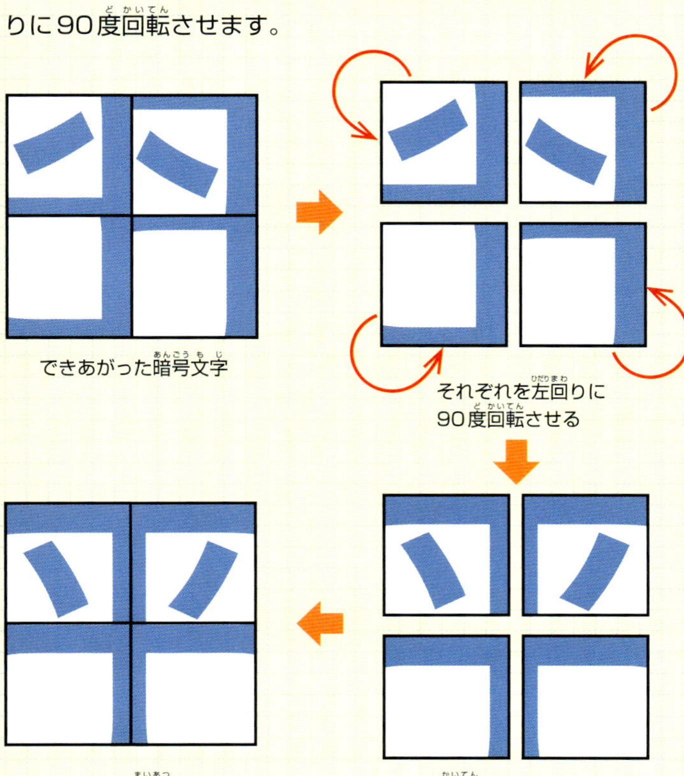

カードを４枚集めると
もとの文字になる

熟語にかくれている漢数字の合計は?

５つの熟語があります。それぞれのかくしてある部分には、「漢数字(一、二、三、……のような漢字の数字)」があります。では、かくれている５つの数を全部たすと、いくつになるでしょうか。

元　気
英　語
切　手
公　衆
協　力

1 19
2 27
3 32

今は「山」「海」「川」のどれ？

ひらがなの50音表を使った、暗号の問題です。「板は内」、「外はたな」なら、「今」は、山、海、川のどれになるでしょうか。

50音表を見ながら考えてね！

わ	ら	や	ま	は	な	た	さ	か	あ
	り		み	ひ	に	ち	し	き	い
	る	ゆ	む	ふ	ぬ	つ	す	く	う
	れ		め	へ	ね	て	せ	け	え
を	ろ	よ	も	ほ	の	と	そ	こ	お

板は内　　外はたな　　今は

1 山　　2 海　　3 川

167

クイズ80 答え 3 32

かくれていた漢数字は、二、五、七、八、十でした。全部たすと、32になります。

元気 → 二　2
英語 → 五　5
切手 → 七　7
公衆 → 八　8
協力 → 十　+ 10

32

けっこう
かくれて
いるのね！

クイズ81 答え 2 海

「板」の「い」と「た」に赤い丸をつけました。「う」「ち」は、その次の文字です。「外」の「そ」と「と」でも同様に「た」「な」が次の文字でした。すると「今」の「い」の次は「う」、「ま」の次は「み」ですから、「海」が正解です。

板は内

わ	ら	や	ま	は	な	た	さ	か	あ
	り		み	ひ	に	ち	し	き	い
	る	ゆ	む	ふ	ぬ	つ	す	く	う
	れ		め	へ	ね	て	せ	け	え
を	ろ	よ	も	ほ	の	と	そ	こ	お

外はたな

わ	ら	や	ま	は	な	た	さ	か	あ
	り		み	ひ	に	ち	し	き	い
	る	ゆ	む	ふ	ぬ	つ	す	く	う
	れ		め	へ	ね	て	せ	け	え
を	ろ	よ	も	ほ	の	と	そ	こ	お

今は

わ	ら	や	ま	は	な	た	さ	か	あ
	り		み	ひ	に	ち	し	き	い
	る	ゆ	む	ふ	ぬ	つ	す	く	う
	れ		め	へ	ね	て	せ	け	え
を	ろ	よ	も	ほ	の	と	そ	こ	お

？に入る名前はどれ？

5つの都道府県の名前が、星型につながっています。このとき、？に入る名前は何でしょうか。

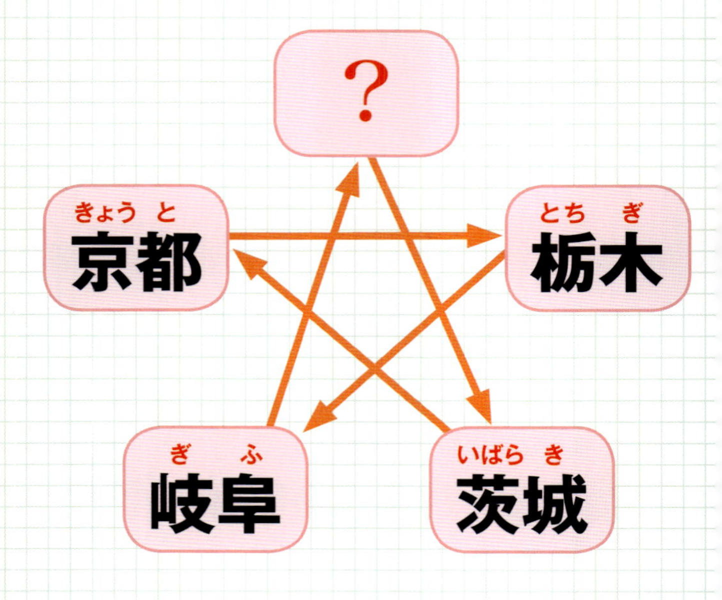

1 北海道　2 東京　3 福井

クイズ83 県名に「山」がつく県はいくつある?

日本は海にかこまれているため、「島国」とよばれることがあります。そういえば、福島や島根、広島のように、名前に「島」のつく県がいくつかありますね。それでは、名前に「山」がつく県はいくつあるでしょうか。

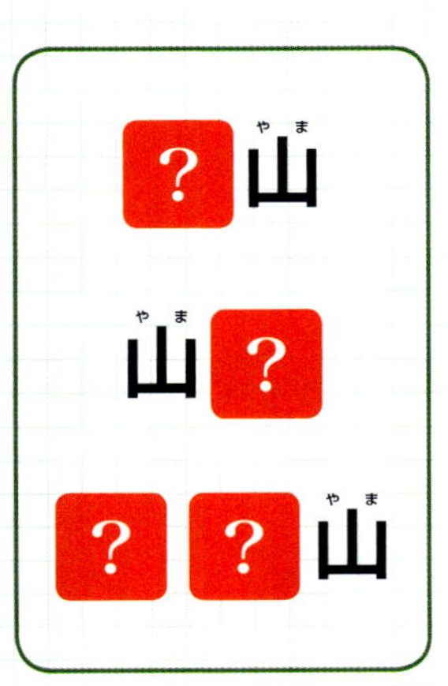

1 4県　**2** 5県　**3** 6県

クイズ82 答え 3 福井

星型をかんたんな五角形に置きかえると、考えやすくなります。「都道府県名しりとり」でした。

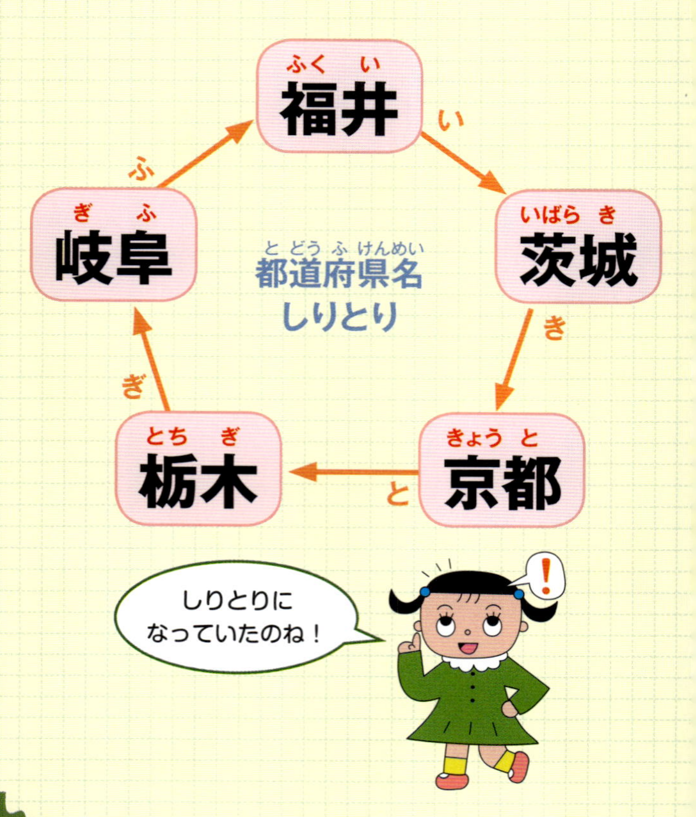

6県

名前に「山」がつく県は6県です。「島」がつく県は5県で、続いて「岡」、「川」、「福」がつく県が3県ずつあります。下に共通の漢字を使う都道府県名の一部をまとめます。このほかにも、共通の漢字を使う都道府県名があります。さがしてみましょう。

山形　富山　山梨
和歌山　岡山　山口

福島　島根　広島
徳島　鹿児島

静岡　岡山　福岡

神奈川　石川　香川

福島　福井　福岡

愛知　愛媛

長崎　宮崎

同じ漢字がつく
県名って、
けっこう
多いんだね！

東北地方のどの県が？に入る？

大分から兵庫まで、県の名前がならんでいますが、何かが順に1個ずつ増えています。このとき、？に入るのは、東北地方の3つの県のうち、どこでしょうか。

「川」にはゼロ、「河」には1個あるよ！

0	大分
1	石川
2	香川
3	和歌山
4	？
5	兵庫

1 青森

2 岩手

3 秋田

？に入るもう1文字は何？

右の地図は、名前がかなで2文字の4県がつながっている地域を表しています。この4つの県名をばらばらにしてならべると、右の文字列のようになりますが、1文字たりません。？に入る文字は何でしょうか。

ふしぎなえがら？

1 だ
2 ね
3 み

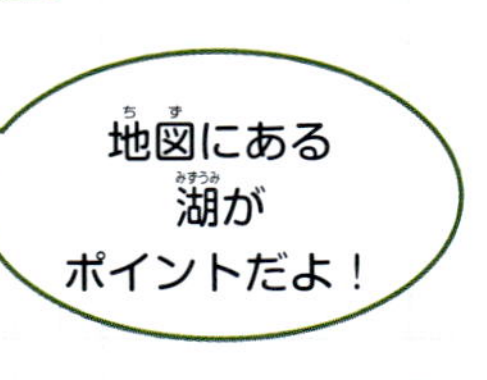

クイズ84 答え 3 秋田

1個ずつ増えている何かとは、四方を線でかこまれた長方形(□)の個数だったのです。□が4個ある県は、秋田でした。

□の個数

0 大分

1 石川

2 香川

3 和歌山

4 秋田

5 兵庫

クイズ85 答え 3 み

４つの県とは、岐阜、滋賀、三重、奈良です。たりない１文字は、（三重）の「み」でした。大きな湖は琵琶湖です。

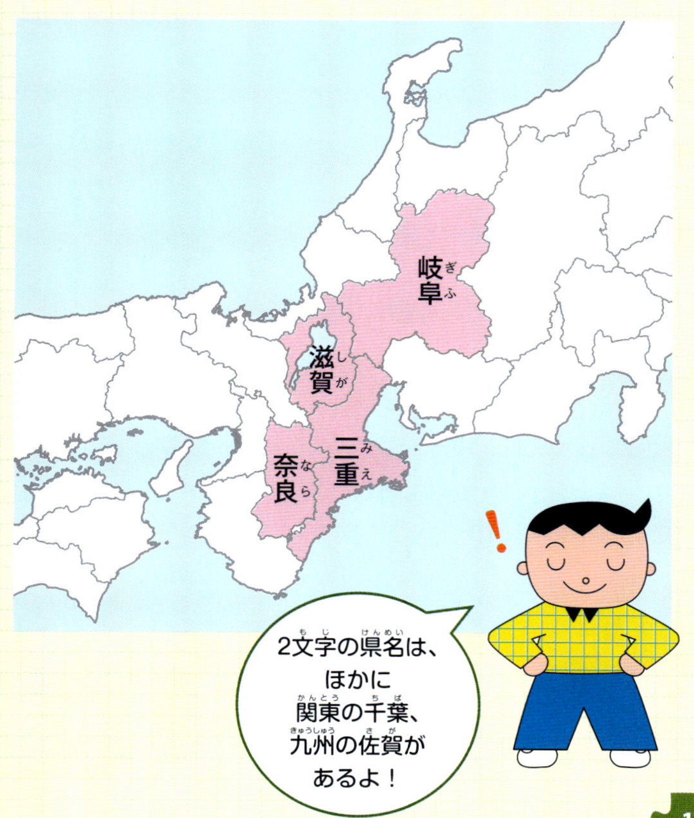

岐阜
滋賀
三重
奈良
2文字の県名は、ほかに関東の千葉、九州の佐賀があるよ！

現れる漢字は何？①

上の面に模様がかかれた、９個のブロックがあります。これらを組み合わせて大きな正方形を作ると、漢字１文字が現れます。その漢字は何でしょうか。

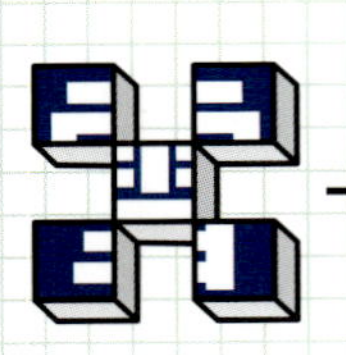
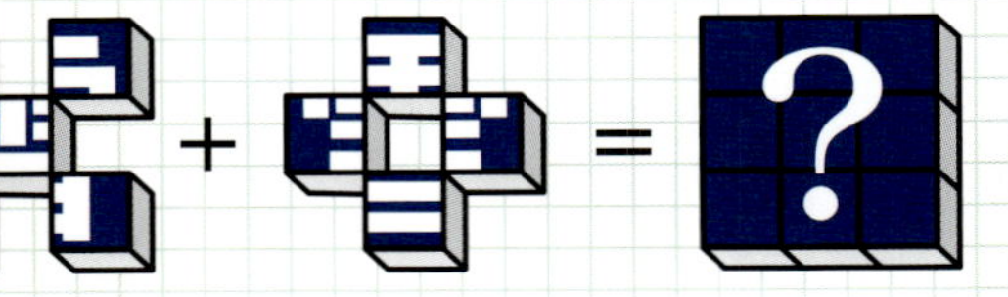

現れる漢字は何？②

クイズ86と同じようにして解きます。９個のブロックを組み合わせると、現れる漢字は何でしょうか。

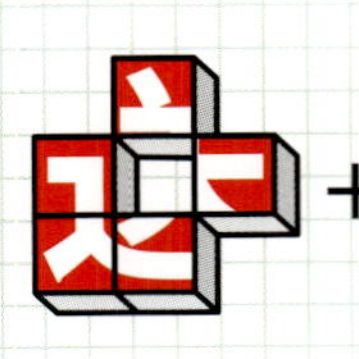
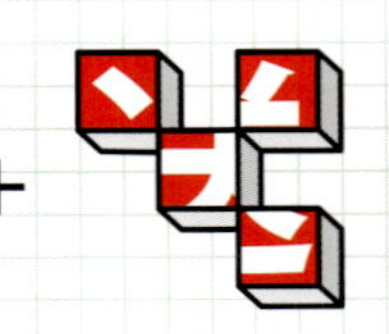

2 送

3 道

？に入る漢字はどれ？①

ある決まった順番で、漢字が左から右へならんでいます。このとき、？に入る漢字はどれでしょうか。

朝　秋　泉　林　？　赤　音

1 銀　2 風　3 空

？に入る漢字はどれ？②

クイズ88と同じように、ある決まった順番で、漢字が左から右へならんでいます。このとき、？に入る漢字はどれでしょうか。

作　兄　分　元　？　全　外

1 通　2 茶　3 雪

クイズ86 答え 3 雪

中段左右のブロックや、下段左のブロックが、区別するポイントです。

クイズ87 答え 2 送

中段まん中と、下段右のブロックに注目しましょう。

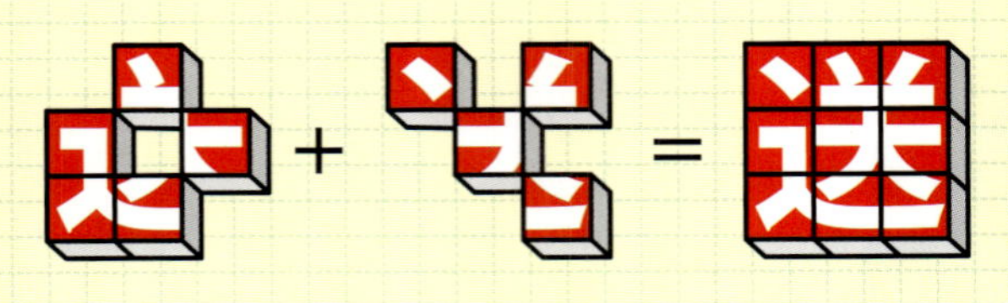

似た漢字ばかりだけど、わかったかな？

クイズ88 答え 1 銀

漢字の読み方や意味をはなれて、文字を半分に分け、その一部に注目します。すると、おなじみの曜日を示す文字が見えてきませんか？　金曜日が空らんですから、文字の一部に「金」がある文字が入ります。

朝　秋　泉　林　銀　赤　音

月　火　水　木　金　土　日

クイズ89 答え 2 茶

漢字の一部分に注目すると、イロハニホヘトの順にならんでいます。

昔の人は「50音順」ではなく、「いろは順」をおぼえました。

作　兄　分　元　茶　全　外

イ　ロ　ハ　ニ　ホ　ヘ　ト

現れる文字は何？①

５行５列の正方形のマスがあります。図1では、マスをぬりつぶして「正」の文字を作り、各行各列の黒いマスの数を左と下にかきました。

さて、図2のような数がわかったとき、もとの文字は何だったのでしょうか。

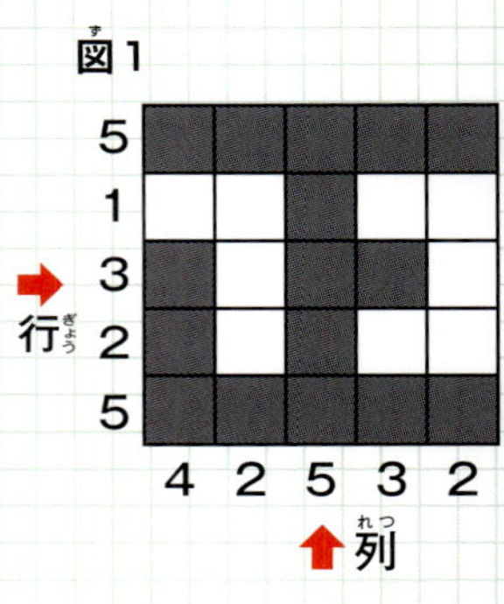

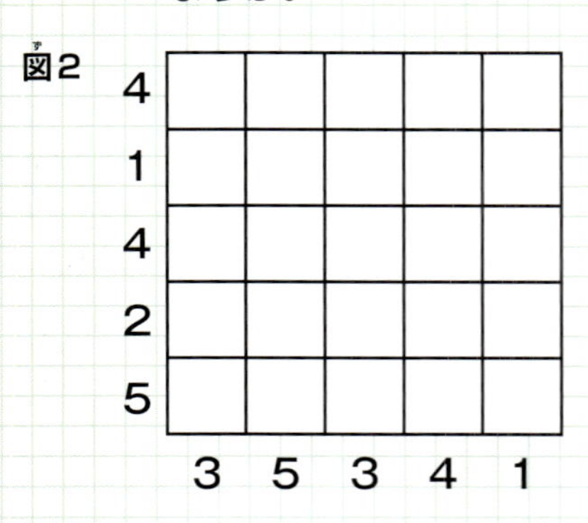

1 五　2 王　3 田

現れる文字は何？②

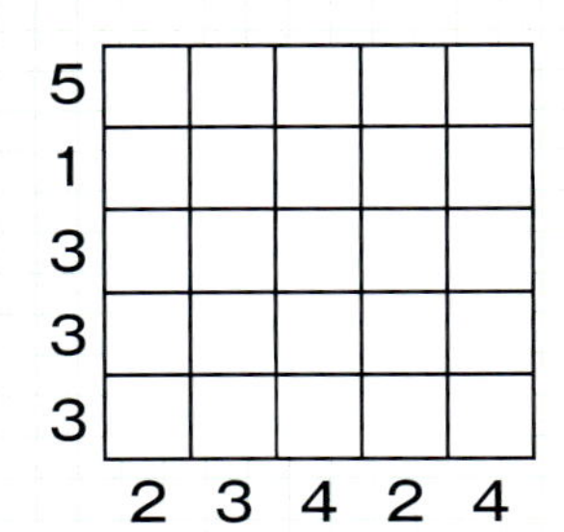

さあ、むずかしくなりました。どれもよく似た文字です。もとの文字はどれでしょうか。

1 刀　**2** 万　**3** 力

現れる文字は何？③

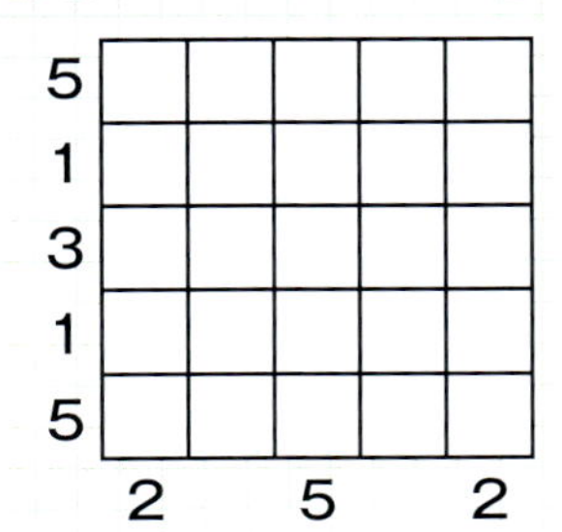

さらにむずかしくなりました。ヒントの数字の一部が消えています。もとの文字は、何だったのでしょうか。

1 止　**2** 玉　**3** 王

クイズ90 答え 1 五

次のような手順で、もとの文字を見つけます。

（1）数字が5の行や列は、全マスが黒くなります。
黒いとわかったマスから、色をぬることにします。

（2）白になるはずのマスにも、目印として ● の点を打つと、次にぬられるマスがわかり、早く確実に解けます。

（3）4の行が決まると、3や4の列が決まり、「五」の文字が現れてきます。

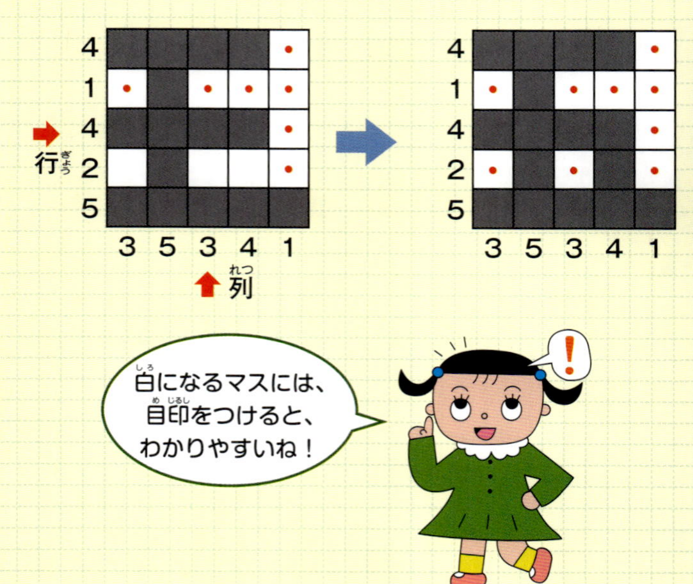

刀とまよいましたか？　刀なら、右のような数字になります。

クイズ 92 答え 3 王

白になるマスがわかると、自然に黒いマスが決まります。

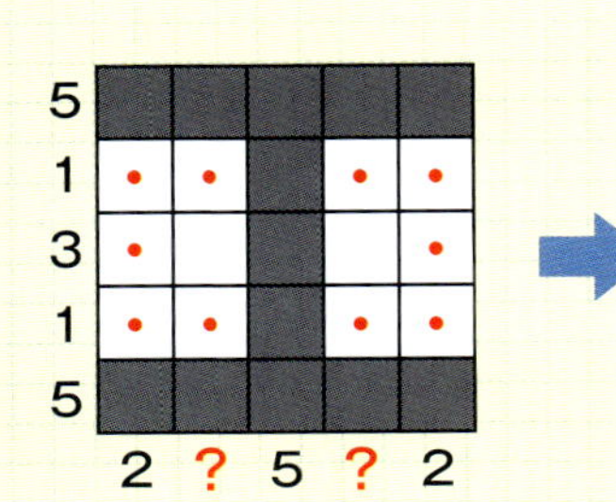

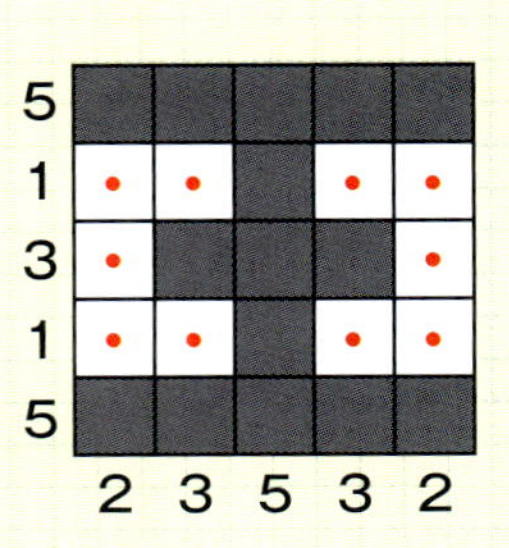

クイズ93 一筆がきの終点はどこ？①

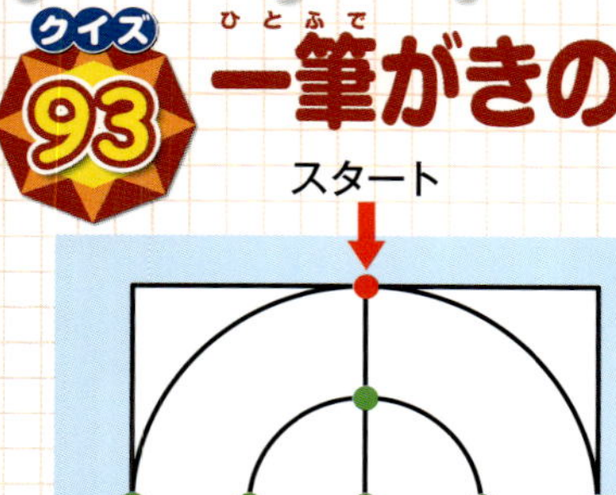

スタート地点は決まっています。このとき、一筆がきの終点はどこでしょうか。

1 A
2 B
3 C

クイズ94 一筆がきの終点はどこ？②

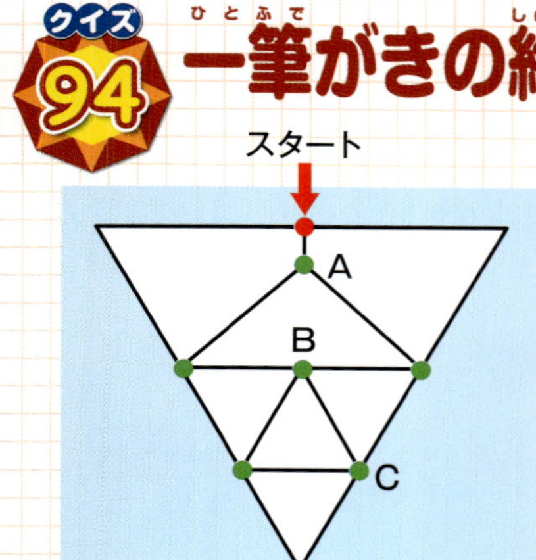

この図のとき、一筆がきの終点はどこでしょうか。

1 A
2 B
3 C

一筆がきができないカエルはどれ？

3匹のカエルのうち、1匹だけが一筆ではかけません。それはどのカエルでしょうか。

1 アキレカエル

2 カンガエル

3 ヒックリカエル

とちゅうの線の折り返し方はいろいろありますが、ゴールの位置はAになります。下の図は、進み方の一例です。

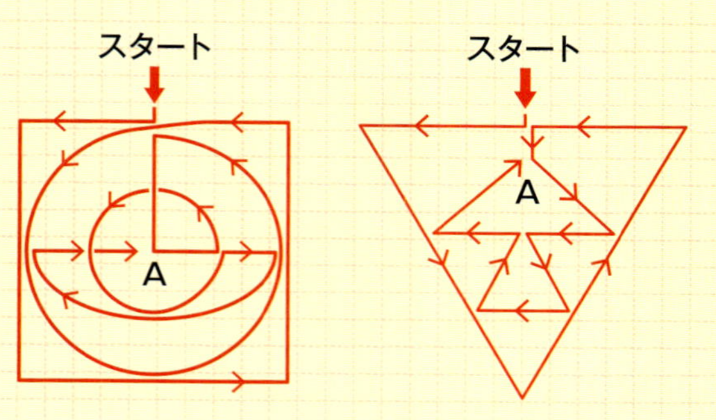

一筆がきと奇点・偶点

何本かの線が集まっている場所に注目しましょう。集まる線の数が奇数だと「奇点」、偶数だと「偶点」といいます。奇点の数がゼロか２つの図形は、一筆がきをすることができます。

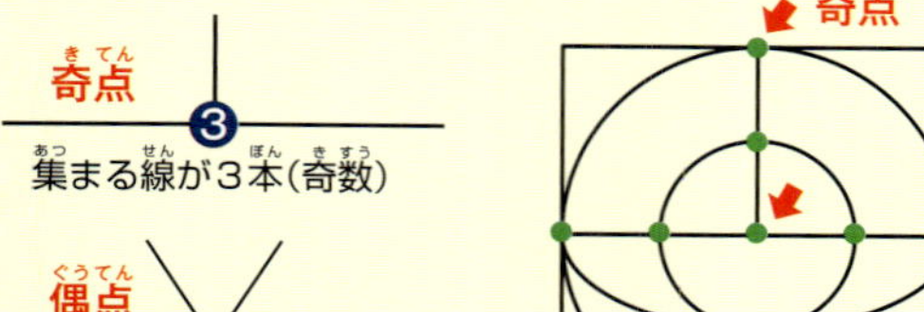

クイズ93と94の問題の図形は、奇点の数が２つです。

クイズ95 答え 2 カンガエル

奇点の数を調べてみましょう。カンガエルは奇点が４つあります。ヒックリカエルの目玉はふくざつですが、一筆でかけます。

1 アキレカエル

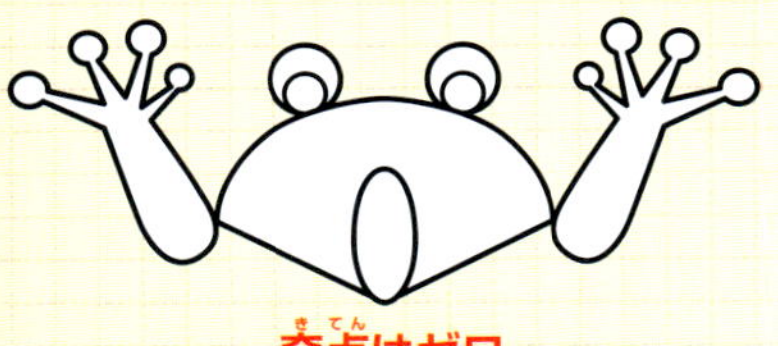

奇点はゼロ

2 カンガエル

奇点は４つ

一筆でかけるのは、
奇点がゼロか２つの
図形だったね！

3 ヒックリカエル

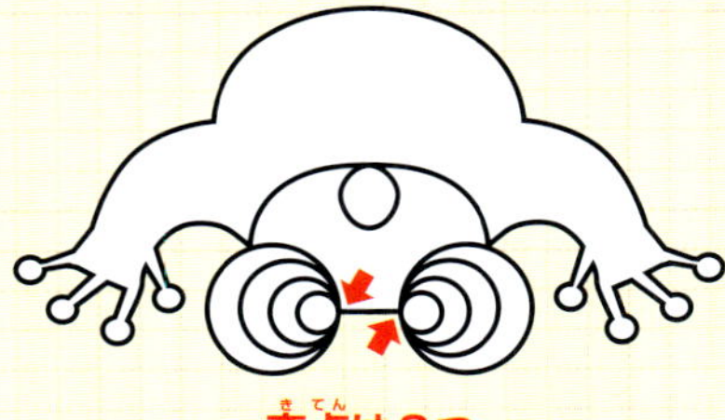

奇点は２つ

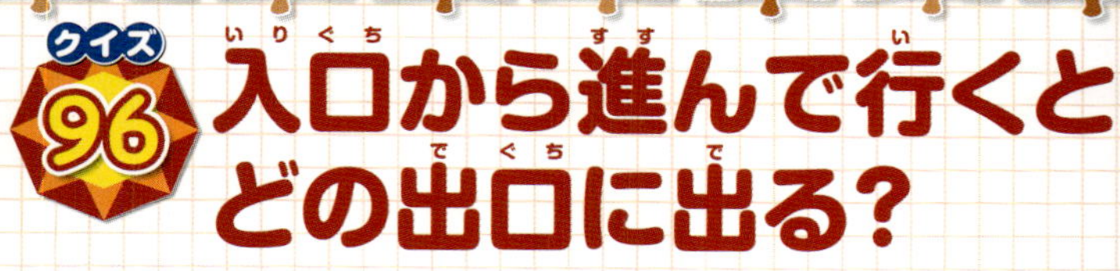

クイズ96 入口から進んで行くとどの出口に出る？

一方通行の矢印迷路です。矢印の向きの方向には進めますが、逆方向には進めません。入口から入って、矢印をたどりながら下に向かうと、出口はどこになるでしょうか。

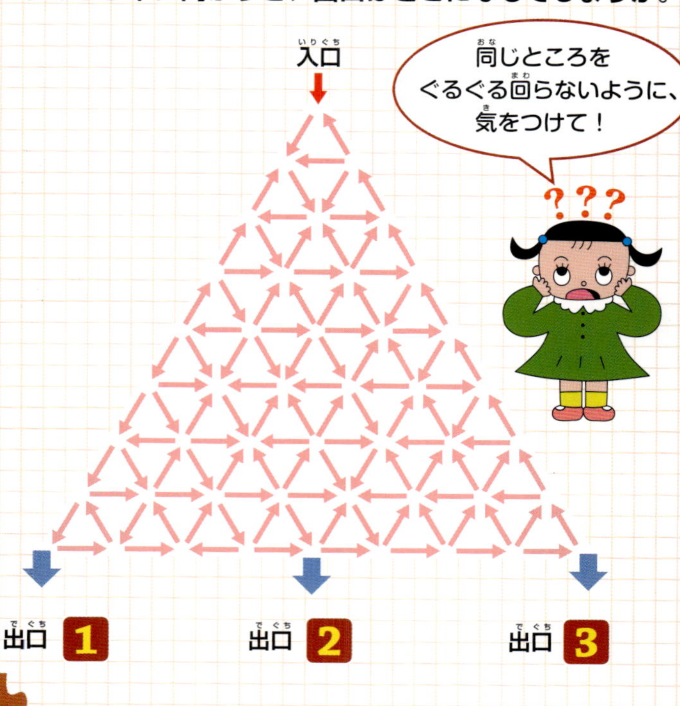

出口にたどり着くまでに何回曲がる？

図1は、ある町の道路地図です。道はばがとてもせまく、自動車は、進行方向に角が丸くなっている場所でしか、曲がることができません。入口から入った自動車は、最少何回曲がれば、出口から出られるでしょうか。

図1

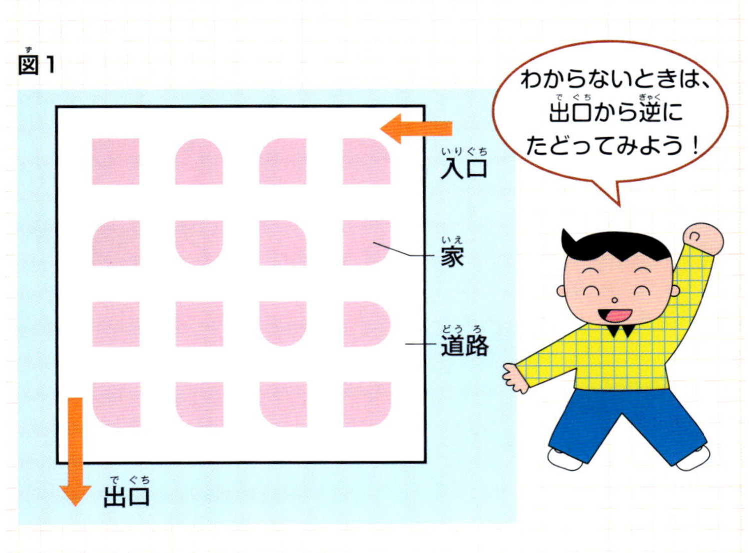

クイズ96 答え 出口 3

入口から進んでいけるところを、青色で示しました。こい色の線が最短コースです。

ちなみに、入口から入ると出口3にしか出られませんが、逆に、出口から入口に向かうときは、どの出口からでも入口に行くことができます。一方通行の迷路です。

入口
赤い線のところは、まったく行くことができないのね！
出口 1
出口 2
出口 3

ここでは、家に図のような番地をつけて説明します。

入口から入って最初に曲がれるのは、9番地か5番地です。9番地で曲がると、同じ道を行ったり来たりして、なかなか町から出られません。5番地で曲がると、出口への道があります。しかし、1回でもまちがえると、ぐるぐる回りになるので気をつけましょう。

9番地で左に曲がった場合

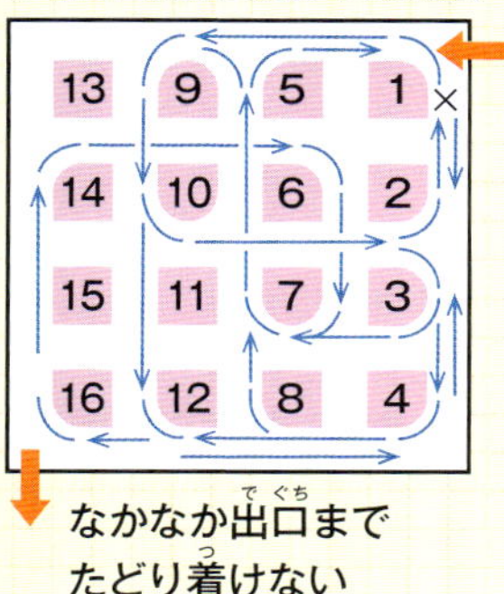

なかなか出口まで
たどり着けない

5番地で左に曲がった場合

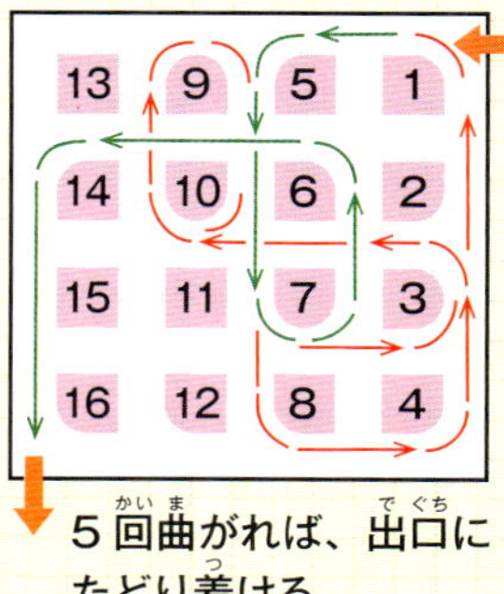

5回曲がれば、出口に
たどり着ける

出口から入口へと
逆に考えた場合

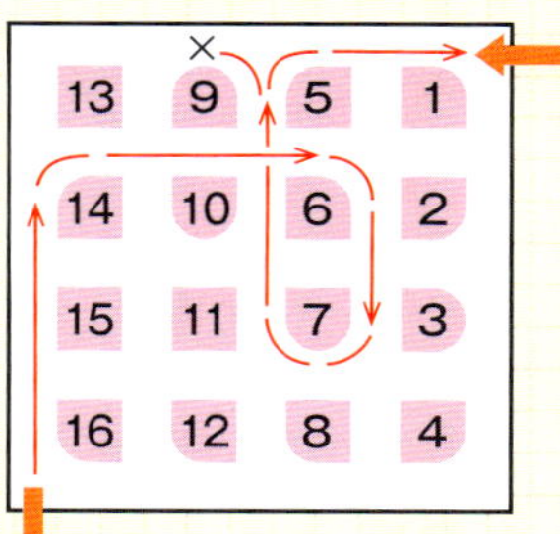

この問題では、出口から入口への道を見つけるほうが、はるかにかんたんです。

数字順にたどっても出られない出口はどこ?

入口から入り、数字を1→2→3→4と、順番にたどって進む迷路です。4の次はまた1になり、ななめには進めません。同じ道を2度通らずに進んで行くと、1つだけたどり着けない出口があります。それはどれでしょうか。

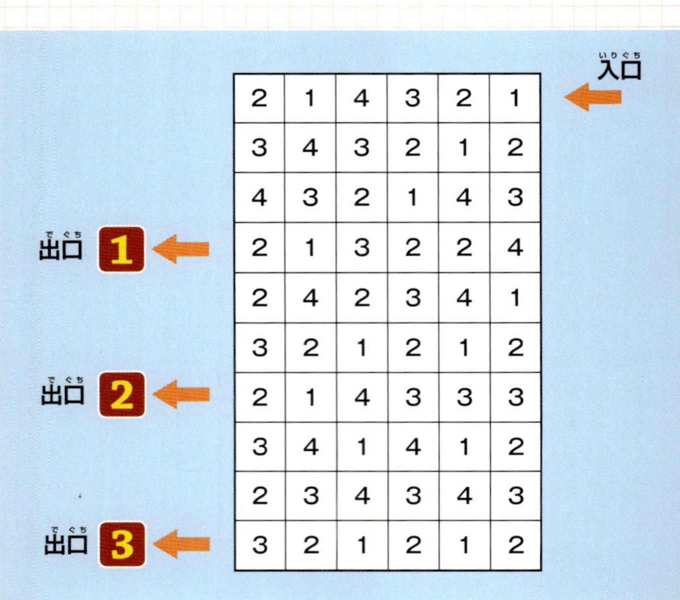

2	1	4	3	2	1
3	4	3	2	1	2
4	3	2	1	4	3
2	1	3	2	2	4
2	4	2	3	4	1
3	2	1	2	1	2
2	1	4	3	3	3
3	4	1	4	1	2
2	3	4	3	4	3
3	2	1	2	1	2

12番目はどこ？①

1から出発し、数字の順に全部のマスを通って、16のマスまで行きます。となりのマスに移動し、ななめには進めません。12番目はどのマスでしょうか。

1	2	3	4
16			5
A	B		
C			9

1 A　**2** B　**3** C

12番目はどこ？②

クイズ99の問題とよく似ていますが、前とはちがって手ごわいですよ。

さて、12番目はA、B、Cのどのマスでしょうか。

1			4
16		10	
A	B		
C			

1 A　**2** B　**3** C

クイズ98 答え 出口 1

出口まで行けるコースを線で結びました。灰色のマスは行ってもむだな場所で、青いマスは行けない場所です。これにより、出口1にはたどり着けないことがわかります。

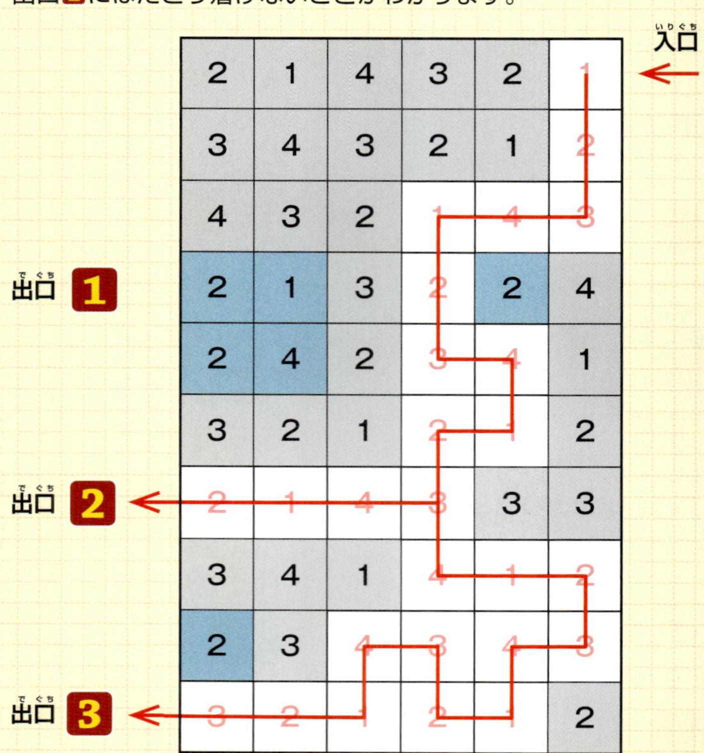

C

数字の順に、全部のマスを通るという約束ですから、6番目から15番目までは、図のように進みます。

12番目は、Cのマスです。

1	2	3	4
16	15	6	5
13	14	7	8
12	11	10	9

クイズ100 答え 2 B

数字の順に、全部のマスを通るという約束ですから、2番目から15番目までは、図のように進みます。

12番目は、Bのマスです。

1	2	3	4
16	11	10	5
15	12	9	6
14	13	8	7

■監修・問題作成
日本数学協会会員　秋山久義（あきやまひさよし）

■問題作成
パズル懇話会会員　植松峰幸
寺沢昌記
岩井政佳

■写真
秋山久義
学研写真部

■イラスト・図版
岩間佐和子
福本えみ
吉見礼司

■装丁・デザイン
神戸道枝

■レイアウト
ニシ工芸
（岩上トモ子）

■編集協力
ニシ工芸
（佐々木裕、月本由紀子）

■校正
フライス・バーン

■編集
百瀬勝也

2016年 5月 3日　初版発行

発行人　土屋　徹
編集人　芳賀靖彦
発行所　株式会社　学研プラス
〒141-8415
東京都品川区西五反田2-11-8

印刷所　共同印刷株式会社

ISBN 978-4-05-204415-1
NDC 410　200P　14.8cm

お客様へ
■ご購入、ご注文は、お近くの書店へお願いします。
■この本についてのご質問・ご要望は次のところへお願いします。
●編集内容に関することは
03-6431-1280（編集部直通）
●在庫・不良品（乱丁、落丁）については
03-6431-1197（販売部直通）
●その他学研商品に関することは
「学研お客様センター」へ
文書は、〒141-8418
東京都品川区西五反田2-11-8
電話は、03-6431-1002

■学研の書籍・雑誌についての新刊情報・詳細情報は、下記をご覧ください。
http://hon.gakken.jp/

お客様へ
＊表紙の角が一部とがっていますので、お取り扱いには十分ご注意ください。

100問クイズ
おつかれさま！

何問できたかな？

キミの点数は？
点